二〇三高地

旅順攻囲戦と乃木希典の決断

長南政義

角川新書

はじめに　―爾霊山―

二〇三高地を陥落させて間もなくの、明治三十七年（一九〇四）十二月十一日朝のことである。零下十度の烈寒の中、乃木希典は、有り合わせの巻紙に漢詩を書き記し、地理学者の志賀重昂に送って添刪を乞うた。その紙片には、墨痕も鮮やかに、

爾靈山嶮豈難攀　男子功名期克艱
鋏血覆山々形改　萬人齊仰爾靈山

の文字が記されていた。

鋏血（鉄血）の二文字は二〇三高地の戦いのみならず、旅順攻囲戦全体を象徴する文字といえる。

明治三十七年二月に始まった日露戦争において、日本軍は戦場である朝鮮半島および満洲

への海上補給路を安全なものとするために、制海権を確保する必要があった。しかし、海軍がロシア太平洋艦隊の撃破に失敗したことから、陸軍は乃木希典を司令官とする第三軍を編成し、敵艦隊主力が籠る旅順攻略の任にあたらせる。

当初、大本営陸軍部は旅順攻囲戦が長期化するとは考えておらず、第一回総攻撃で攻略した後、ただちに決戦の行なわれる北部戦線に第三軍を転進させる計画であった。だが、八月の第一回、十月の第二回総攻撃は失敗に終わり、攻囲戦は消耗戦の様相を呈し長期化してしまう。その結果、当初八月下旬頃と想定されていた旅順の陥落は、十一〜十二月の第三回総攻撃で二〇三高地を奪取した後の、翌年一月二日までずれこむこととなった。

六月二十六日の歪頭山および剣山附近の戦いから始まり開城まで百九十日間続いた旅順をめぐる戦いにおいて、日本軍は少なくとも延べ約十六万人の兵力を投入、五万九千四百八人もの死傷者を出し、陸軍の重砲弾だけで十五万千九百十三発（約六千三百二十二トン）もの砲弾をロシア要塞に撃ち込んだ。

なぜ、「山の形が変わる」と形容されるほどの、鉄（砲弾）と血（人命・肉弾）を消費する必要があったのだろうか？　そして、なぜ、それほどの鉄と血を消耗しながらも、攻略までに約六ヶ月もの時間を要したのであろうか？

表 0-1　総攻撃における両軍の兵力・損害数

	日本軍			ロシア軍		
	兵力	火砲	戦死傷者	兵力	火砲	戦死傷者
第一回総攻撃	50,765	380	15,860	33,700	488	1,500
第二回総攻撃	44,100	427	3,830	32,500	646	4,532
第三回総攻撃	64,000	426	16,936	31,700	638	4,000

出典:参謀本部編『明治三十七八年日露戦史』第五、六巻(東京偕行社、1913〜14年)第五巻 518〜519頁、第六巻 313〜314・566頁

この問題については、主に乃木が有能か否かという観点から議論されてきた。陸軍の一部で批判や愚将論が存在していたものの、旅順攻略の武勲に加え、明治天皇に殉死したことが相まって、乃木は神社の祭神として祀られるほどまでに、名将としての評価を確立していた。

その評価が愚将へと変わる契機となったのが、大正十四年（一九二五）に陸軍大学校で行なわれた講義を記録した、谷寿夫『機密日露戦史』（一九六六年）の刊行である。さらに、昭和四十三年（一九六八）から連載が始まった司馬遼太郎氏の長編小説『坂の上の雲』が、同書をもとに、第三軍の損害を「日本兵の集団自殺的な死」であるとし、その原因を同一の戦法を繰り返す「乃木軍司令部の無能」や「乃木軍司令部の作戦能力の貧困」に求めて愚将論を展開したことから、研究者を含む世間一般から幅広い注目を集めることとなった。これに対して、戦史研究者の桑原嶽氏や別宮暖朗氏などが反駁して、近年では名将論が優勢となっている。

ただし、名将論にも問題がないわけではない。乃木を擁護しよ

うとするあまり、判断ミスに関する分析が不十分であったり、二〇三高地の戦いにおける児玉源太郎の役割を過小評価しているなどの問題点が存在するからだ。

結論こそ名将か愚将かで異なるものの、彼らの小説や研究は、大本営側の視点に立つ長岡外史の関係史料や、それを用いて旅順戦を描いた『機密日露戦史』、参謀本部編纂の公刊戦史『明治三十七八年日露戦史』全十巻・附図全十巻（一九一二～一九一五年）などを基礎としたもので、第三軍側の史料を使用していない。また、彼らが根拠としている公刊戦史は、部隊や指揮官の失策、弾薬の欠乏、高等司令部幕僚の執務などを記述しないことを編纂方針としているため、記述に潤色が存在していたり、失敗や不都合な点が隠蔽されているといった問題が存在する。

しかも、二〇一〇年代以降、旅順攻囲戦期間中の乃木の日誌や、第三軍参謀の日誌・回想録などの史料が新しく発見・刊行されたため、旅順における戦いの通史を書き換える必要が出てきた。だが、戦後の歴史学が、近年まで戦史研究を学問研究の対象とせず、作戦・戦闘の実態を解明しようとしてこなかったこともあり、日本史学界における旅順攻囲戦の研究は、長岡外史の関係史料や『機密日露戦史』などを主たる史料としてなされた段階で止まっているのが現状である。

そこで、本書では、乃木、参謀副長の大庭二郎、後方参謀として要塞攻撃の正攻法を指導した井上幾太郎（いのうえいくたろう）の日記・回想録などの第三軍関係者の私文書史料、ならびに公刊戦史編纂の基礎史料である「第三軍戦闘詳報」、公刊戦史草稿本、電報・統計などの公文書史料といった一次・二次史料を網羅的に用いて、乃木の能力に対する評価も含め、旅順攻囲戦の全体像を再検討してみたいと思う。これらの史料を詳細に分析することで、新たな攻囲戦像を見出（みいだ）すことが可能となろう。

そして、その際、①意見対立や上級司令部との摩擦を経て軍司令部の意思が決定されていく過程、②乃木を始めとする軍司令部職員の心理的葛藤（かっとう）に代表される戦場心理、③指揮官・幕僚の性格や錯誤、また戦場での偶然や不確実性が作戦に与える影響、④軍司令部が第一回総攻撃の失敗（敗北）から戦術を改良するなどして軍を立て直し「負けいくさ（lost battle）」を逆転勝利に導いた過程、⑤旅順攻囲戦、特に二〇三高地の戦闘が肉弾戦の様相を呈した理由、⑥大量の肉弾（人命）を犠牲にした作戦に妥当性があったのか否か、といった視点から旅順攻囲戦を見ていきたいと思う。

これらは本書全体を貫く視点であると同時に、日本近代戦史を分析するうえで非常に重要な論点になると考えている。というのも、戦史研究では司令部内の意思決定過程、戦場心理、戦場の実相を分析することが重要とされながら、実際には史料的制約などによって、部隊行動を追ったり、戦術的観点で戦闘を分析したりするものが多く、意思決定過程を分析した研究や、指揮官や幕僚の心理的側面、錯誤・偶然・不確実性が戦況に与えた影響を解明する研究は少ないからである。しかも、旅順攻囲戦は日本陸軍にとって、敗北から態勢を立て直し勝利を獲得した、数少ない戦例だからだ。

そして、本書の最後に、軍司令官としての乃木の評価を行ないたい。名将論の多くは良質な史料に基づかないものであったり、乃木に不利な点を無視したりするなどの問題点がある。そこで、軍司令官としての能力について、結論先にありきの議論ではない、客観的な評価を行なうこととしたい。

目次

【凡　例】

一、史料を引用する際は、読みやすさを考慮して、漢字は旧字・異体字を新字に、変体仮名やカタカナは平仮名に改めた。また、句読点・濁点を補い、拗音・促音は小書きとし、句読点の位置の変更や、明らかな誤字の修正を行なった。さらに、著者による補注を〔　〕で加えた。

二、史資料の出典は、紙幅の制限もあり、引用や重要箇所を除いて省略した。気になる方は、長南政義『新史料による日露戦争陸戦史　覆される通説』（並木書房、二〇一五年）、『児玉源太郎』（作品社、二〇一九年）などを参照されたい。同様に、執筆に際し参考とした文献も、出典としてすべては明記することができなかった。そのため、主要参考文献の一覧を巻末に附し、著者各位に心より謝意を表することとしたい。

三、戦闘行動の細部に関してはすべてに出典を附すると繁雑になるので、参謀本部編『明治三十七八年日露戦史』全十巻・附図全十巻（東京偕行社、一九一二〜一九一五年）および参謀本部第四部編『明治三十七八年役露軍之行動』全十二巻（東京偕行社、一九〇八〜一九一〇年）を参照し、重要箇所以外、出典を記さなかった。

四、本書で使用した大庭二郎「大庭二郎中佐日記」、大庭二郎「難攻の旅順港」、井上幾太郎「日露戦役従軍日記一」、井上幾太郎「日露戦役経歴談」、白井二郎「旅順の攻城及奉天会戦に於ける第三軍に就て」は、長南政義編『日露戦争第三軍関係史料集　大庭二郎日記・井上幾太郎日記でみる旅順・奉天戦』（国書刊行会、二〇一四年）に翻刻・収録のものを使用した。

五、部隊名を表記する際、歩兵旅団、歩兵連隊、後備歩兵旅団、後備歩兵連隊の「歩兵」は割愛した。

史資料名の略称表記(略称五十音順)

略称	史資料名
「井上回想」	井上幾太郎「日露戦役経歴談」
「井上日記」	井上幾太郎「日露戦役従軍日記一」
「大沢日誌」	大沢界雄「日露戦役日誌」
「大庭日記」	大庭二郎「大庭二郎中佐日記」
「業務詳報」	「明治三十七八年戦役陸軍省軍務局砲兵課業務詳報」
『公刊戦史』	参謀本部編『明治三十七八年日露戦史』全十巻・附図全十巻
「極秘海戦史」	海軍軍令部編「極秘明治三十七八年海戦史」
『佐藤回想』	佐藤鋼次郎『日露戦争秘史　旅順攻囲秘話』
「四手井講授」	四手井綱正「日露戦史講授録　第一篇(旅順攻城戦)」
「白井回想」	白井二郎「旅順の攻城及奉天会戦に於ける第三軍に就て」
『谷戦史』	谷寿夫『機密日露戦史』
『鶴田日誌』	鶴田禎次郎『鶴田軍医総監日露戦役従軍日誌』
「寺内日記」	山本四郎編『寺内正毅日記　1900〜1918』
『長岡回顧』	長岡外史文書研究会編『長岡外史関係文書　回顧録篇』
『長岡書簡』	長岡外史文書研究会編『長岡外史関係文書　書簡・書類篇』
『奈良回顧』	波多野澄雄・黒沢文貴責任編集『侍従武官長奈良武次日記・回顧録』第四巻
「日露戦役回想談」	参謀本部編『明治三十七・八年秘密日露戦史』所収「日露戦役回想談」
「乃木日誌」	乃木希典「旅順攻撃日誌」
『秘密日露戦史』	参謀本部編『明治三十七・八年秘密日露戦史』
『森日記』	秀村選三監修『森俊蔵日露戦役従軍日記』
「旅順日誌」	「旅順攻囲軍参加日誌」
『露軍之行動』	参謀本部第四部編『明治三十七八年役露軍之行動』

第三軍戦闘序列

第三軍

司令官:乃木希典
参謀長:伊地知幸介

第一師団 師団長:貞愛親王→松村務本

歩兵第一旅団(歩兵第一・第十五連隊)
歩兵第二旅団(歩兵第二・第三連隊)
騎兵第一連隊　野戦砲兵第一連隊　工兵第一大隊ほか

第九師団 【1904年6月30日〜】師団長:大島久直

歩兵第六旅団(歩兵第七・第三十五連隊)
歩兵第十八旅団(歩兵第十九・第三十六連隊)
騎兵第九連隊　野戦砲兵第九連隊　工兵第九大隊ほか

第十一師団 師団長:土屋光春→鮫島重雄

歩兵第十旅団(歩兵第二十二・第四十四連隊)
歩兵第二十二旅団(歩兵第十二・第四十三連隊)
騎兵第十一連隊　野戦砲兵第十一連隊　工兵第十一大隊ほか

第七師団 【1904年11月11日〜】師団長:大迫尚敏

歩兵第十三旅団(歩兵第二十五・第二十六連隊)
歩兵第十四旅団(歩兵第二十七・第二十八連隊)
騎兵第七連隊　野戦砲兵第七連隊　工兵第七大隊ほか

後備歩兵第一旅団

後備歩兵第四旅団

野戦砲兵第二旅団

攻城砲兵司令部

その他

後備工兵隊　攻城特種部隊　野戦電信隊
軍兵站部ほか

明治天皇

大本営

陸軍部		海軍部	
参謀本部		**海軍軍令部**	
参謀総長	大山巖	軍令部長	伊東祐亨
参謀本部次長	児玉源太郎	軍令部次長	伊集院五郎
参謀	松川・福島・井口など		
(6月20日以降)			
参謀総長	山県有朋		
参謀本部次長	長岡外史		
陸軍大臣	寺内正毅	海軍大臣	山本権兵衛
陸軍次官	石本新六		
砲兵課長	山口勝		

出典:小林道彦『児玉源太郎』(ミネルヴァ書房、2012年)を加筆・修正

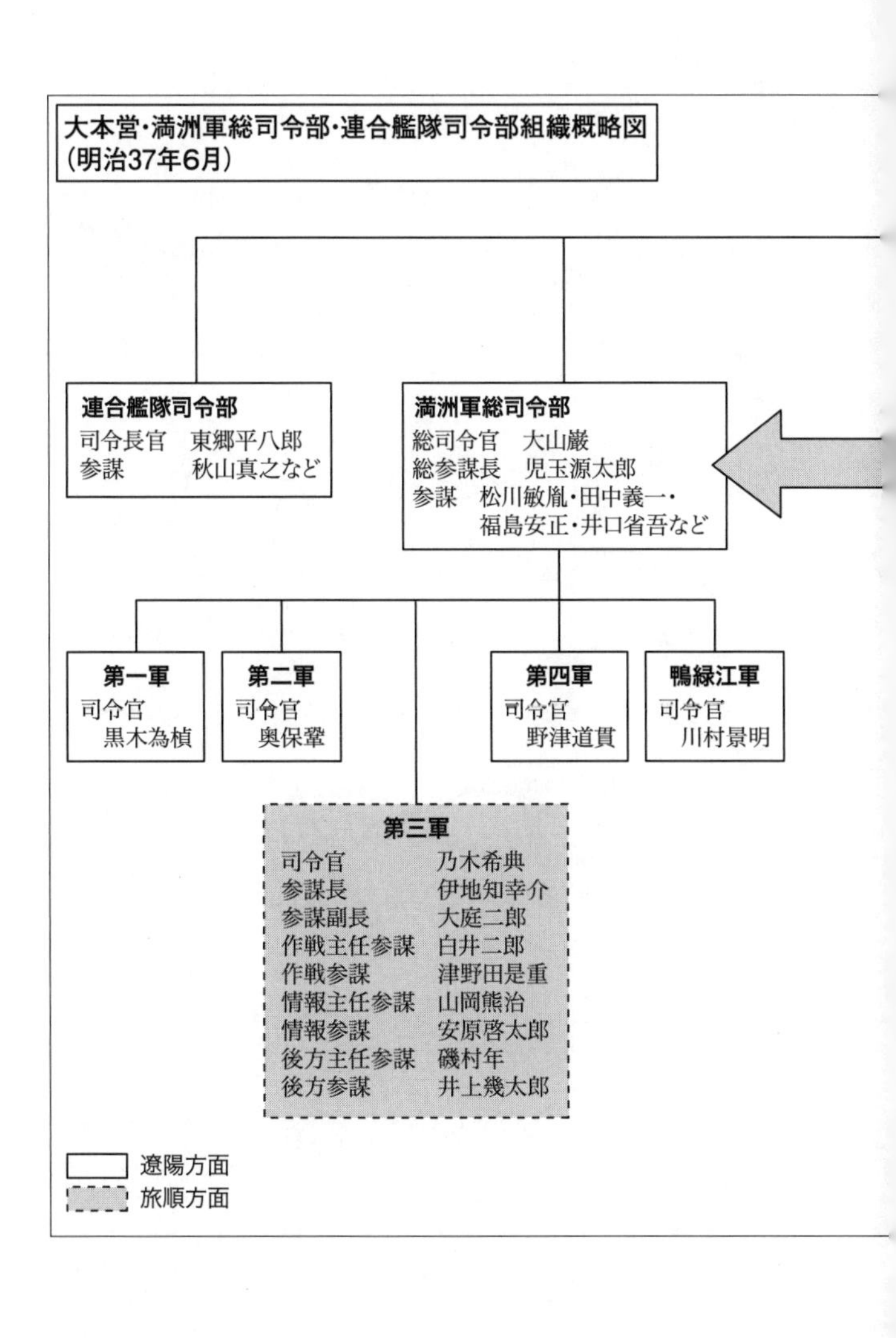

大本営・満洲軍総司令部・連合艦隊司令部組織概略図
(明治37年6月)
連合艦隊司令部
司令長官　東郷平八郎
参謀　秋山真之など
満洲軍総司令部
総司令官　大山巌
総参謀長　児玉源太郎
参謀　松川敏胤・田中義一・
福島安正・井口省吾など
第一軍
司令官
黒木為楨
第二軍
司令官
奥保鞏
第四軍
司令官
野津道貫
鴨緑江軍
司令官
川村景明
第三軍
司令官　乃木希典
参謀長　伊地知幸介
参謀副長　大庭二郎
作戦主任参謀　白井二郎
作戦参謀　津野田是重
情報主任参謀　山岡熊治
情報参謀　安原啓太郎
後方主任参謀　磯村年
後方参謀　井上幾太郎
遼陽方面
旅順方面

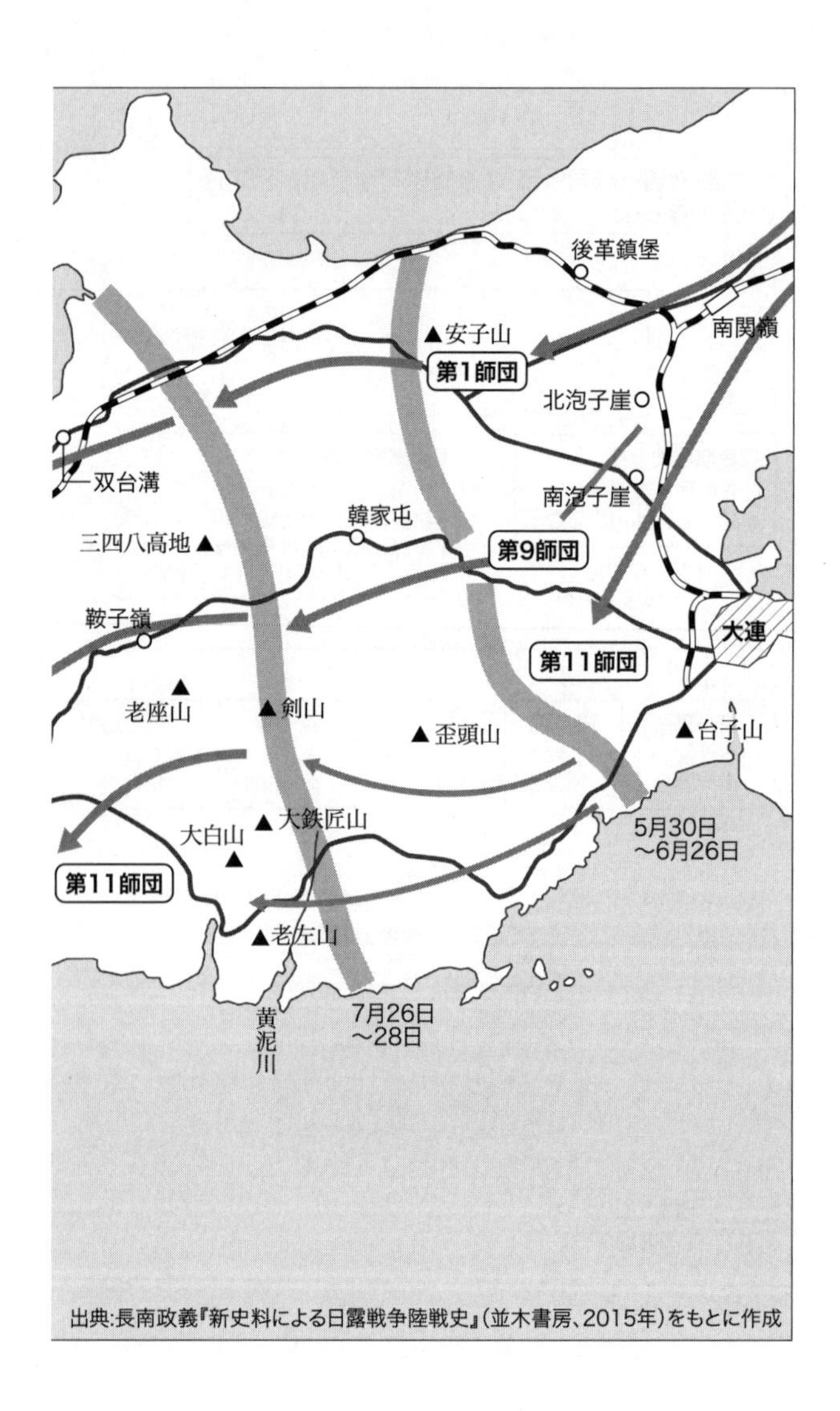

出典:長南政義『新史料による日露戦争陸戦史』(並木書房、2015年)をもとに作成

旅順攻囲戦全般図
長嶺子
曹家屯
柳樹房
于大山
鳳凰山
火石嶺
第1師団
第9師団
攻城山
碾盤溝
攻
囲
陣
地
王家甸子
水師営
高崎山
龍眼
松樹山
盤龍山
大孤山
椅子山
二〇三高地
二龍山
東鶏冠山
小孤山
小案子山
望台
大案子山
白銀山
西太陽溝
旅順
鴉鵠嘴
黄金山
7月30日夜
盛家溝
老鉄山

図表作成／小林美和子

第一章　齟齬

——第三軍の編成と前進陣地の攻略——

一、旅順攻囲軍の編成経緯とその問題点

不十分だった開戦前における攻城準備

旅順は遼東（りょうとう）半島の最南端に位置する港湾都市である。ロシアは明治三十一年（一八九八）に遼東半島を租借するや、旅順をウラジヴォストークと並ぶ極東戦略の拠点とすると共に、不凍港である旅順港を太平洋艦隊の根拠地とし、港を囲む高地線に堡塁（ほうるい）や砲台を築いて守りを固めた。

なぜ、日本陸軍は旅順を攻略することとなったのだろうか。その経緯が詳しく書かれている佐藤鋼次郎（さとうこうじろう）の回想録『日露戦争秘史　旅順攻囲秘話』をもとに、開戦前における陸軍の攻城準備を概観したうえで、この問題を検討することから話を進めてみたい。

開戦前における日本陸軍の要塞（ようさい）攻撃に関する研究や準備は極めて不十分なものであった。これは当時の用兵思想が影響している。開戦前の参謀本部において、要塞に関する事項を担当していたのは第五部であった。ただし、それは国内要塞のみで、要塞攻撃は作戦の一部として第一部が担当していた。

当時の陸軍における戦術思想の主流は、普仏（ふふつ）戦争を背景とするドイツ流の運動戦（永く一

つの場所に固着しない戦闘）であり、爆裂榴弾（土塁後方の敵兵や物体を破壊する強力な炸裂弾）採用後に大きく変化した最新の要塞攻撃戦術を知る者は、要塞砲兵科の首脳将校に限られていて、工兵科将校であってもこれを知る者が少なかった。

また、陸軍大学校を卒業した優秀な将校が派遣されたドイツでは、当時フランス東部国境要塞の攻略の必要性から要塞攻撃の研究訓練が進められていたものの、事の性質上機密とされていたため、日本人将校はその詳細を窺い知ることができなかった。そのため、第一部における要塞攻撃研究は不十分なものとなっていた。

それでも、明治三十五年以降になると、参謀本部部員（第五部）の佐藤鋼次郎が旅順攻城計画案を研究・作成している。佐藤は、ドイツ留学中に、駐ドイツ公使の青木周蔵や要塞研究に理解のあった公使館附武官の田村怡与造の奔走により、機密書類を閲覧するなどして、最新の要塞戦術を研究していた。だが、この時佐藤が立案した計画案は、清国時代の土を盛つただけの旧式野堡に兵が隠れるための散兵壕らしきものを増築した程度で、永久築城は無いとする参謀本部第二部の情報を基礎としたものであった。

野堡とは野戦築城の一種で、砲弾を防ぐために土を盛った胸墻をもって一地を囲み障害物を設置したもののことである。一方、永久築城とは戦略上の要地を防御する目的で、平時より長い年月と莫大な費用を投じて築設された堅固な陣地のことであり、永久築城を使用し守備する地域が要塞と定義される。つまり、当時の陸軍は、旅順要塞の構造を強固な野戦築城程度としか認識せず、その攻略を安易に考えていたのだ。

明治三十六年五月、龍岩浦（りゅうがんぽ）事件（ロシアが韓国領龍岩浦に軍事基地を設置しようとした事件）が起き日露関係の緊張が高まると、九日、参謀本部の実質的な意思決定機関であった部長会議が、攻城砲廠（ほうしょう）二個（百八門）と攻城工廠（こうしょう）一個の準備を行なうことを決議した。第一回総攻撃で実際に使用された重砲の数は二百四門（戦利火砲・海軍陸戦重砲隊火砲を含む）なので、百八門という数はその約半分に過ぎない。参謀本部の要塞攻撃に対する認識の甘さが窺える数字といえよう。

十一月から参謀本部次長である児玉源太郎による統裁の下、対露作戦計画の研究が実施された。この時、旅順問題に言及がなかったため、佐藤が問題を提起したところ、児玉は、旅順攻略に兵力を分割するのは損なので、旅順は封鎖・監視に留（とど）め、兵力を遼陽（りょうよう）方面の決勝会戦（戦争の局を結ぶために行なわれる会戦）に集中させた方がよいと発言。これに対し、佐藤が旅順攻城は必ず必要になることを力説すると、第一部長の松川敏胤（まつかわとしたね）が攻略の必要が生じたらその時に準備すればよいと反論した。そこで佐藤が、要塞攻撃は野戦とは異なり簡単にはいかないことを説き、個人として研究していた旅順攻城計画案を披露したところ、そのあまりの大規模さに参加者はみな驚愕（きょうがく）し議論が発生。結局、この問題は児玉の裁断で研究を続けることになったという。

日露戦争開戦前月の明治三十七年一月、佐藤の旅順攻城計画案に基づき、攻城材料の準備を陸軍省に照会することとなった。だが、照会に際し、第五部長の落合豊三郎（おちあいとよさぶろう）が、計画案にあった対壕（たいごう）器具・坑道（こうどう）器具を不必要だとして削除してしまう。また、第五部がドイツの攻城教令をもとに起案した攻城教令案は、陸軍省の内議にかけられたものの、意見の相違があり発布されずに終わっている。

このように、開戦前の参謀本部は、最新式の要塞攻撃戦術に対する認識不足もあって、要塞攻撃の準備が不十分だったのである。

しかも、攻城準備のみならず旅順に関する情報も不足していた。谷寿夫『機密日露戦史』によると、参謀本部は将校を人夫に変装させるなどして旅順に送り込み情報収集に努めたものの、担当したのが主に歩兵科将校であったことや、ロシア側の防諜（ぼうちょう）態勢が厳重であったため、旅順要塞に関する正確な情報を得られなかった。結果として、近代要塞や要塞攻撃戦術に対する認識不足に情報不足が重なり、陸軍は第一回総攻撃に失敗して、その堅固さに気付くまで、旅順要塞の強度判断を著しく誤ることとなった。

旅順攻略をめぐる陸海軍戦略のジレンマ

日露戦争の原因は、朝鮮半島および満洲における影響力をめぐる日露対立にある。義和団事件を契機に、東清鉄道保護を口実として軍隊を派遣し満洲を占領したロシアは、十八ヶ月以内に撤兵するという満洲還付条約を清国と締結したものの、明治三十六年四月の第二期撤兵を実施せず、居座り続けていた。

これに危機感を抱いた日本政府は、満洲問題でロシアに対し多少譲歩しつつ、韓国問題を日本有利で解決する満韓交換論で問題解決を図ろうとする。だが、交渉は破裂し、明治三十七年二月四日、政府は開戦を決定。八日、連合艦隊が旅順港外に停泊するロシア太平洋艦隊の主力である旅順艦隊に奇襲をかけて、戦艦二隻、巡洋艦一隻に大損害を与え、日露戦争が幕を開けた。なお、宣戦布告は十日になされている。

開戦時の日本は、極東に配置されたロシア陸海軍部隊を撃破し、以後欧露から派遣される増援部隊を各個撃破することで、講和の機会を捕捉しようと考えていた。そのため、陸軍戦略の観点からすると、複数の戦線で対峙する二正面作戦を回避するために、遼陽附近での決勝会戦に兵力を集中させる一方で、大きな戦力が必要となる要塞攻略を避け、旅順を監視・封鎖するに留めた方が有利となる。児玉の有名な竹矢来発言（遼東半島最狭部に竹矢来を作り、旅順を封鎖する趣旨の発言）もこの意図に基づくものだ。実際、開戦直後の三月上旬、大本営陸軍部は旅順を監視すれば十分と判断している。

だが、海軍戦略の見地に立つと事情が異なる。日本海軍の連合艦隊よりやや劣勢なロシア太平洋艦隊は、各個撃破を避けるため、欧露から極東に派遣される増援艦隊（バルチック艦隊）到着まで出撃を避け、要塞に守られた旅順港に籠（こも）る可能性があった。増援艦隊が到着し太平洋艦隊と合流すれば、海軍戦力はロシア側優勢となるため、連合艦隊の勝算は低くなる。そのため海軍は、増援艦隊到着前に、旅順を根拠地とする太平洋艦隊を撃滅する必要があった。

この陸軍と海軍の考え方の相違に、軍事戦略のジレンマが存在し、このジレンマが旅順攻囲戦に際し、大本営と満洲軍・第三軍との間で意見対立を生じさせる原因となったのである。

旅順攻略決定の経緯とそれが作戦に及ぼした影響

陸海軍全体の戦略的観点から考えた場合、ロシア艦隊の根拠地である旅順攻略は海軍から陸軍に要請するのが適当である。だが海軍は、開戦劈頭（へきとう）の旅順港外に停泊する敵艦隊に対する奇襲攻撃、約二七三メートルしかない旅順港口の閉塞（へいそく）作戦、艦砲を使用した港外からの間接射撃（射撃目標を直接見ないで砲撃する砲撃法）という三段構えの方策により、陸軍の支援を得ることなく海軍独力で旅順艦隊を無力化させることが可能と判断し、陸軍に対し旅順攻撃の要請を行なわなかった。

しかし、海軍は、二月八日に旅順港奇襲攻撃、二十四日に第一次旅順口閉塞作戦、三月十日に間接射撃を実施したものの、十分な戦果をあげることができずに終わる。そこで、この状況を見た陸軍は、敵艦隊覆滅は海上からの攻撃では困難と考え、陸上から旅順要塞を攻略して、ロシア艦隊の根拠地を奪うと共に、補給拠点となる大連港を掌握すべく、三月十四日、二個師団を基幹とする攻城軍（旅順攻略軍）の編成準備に着手する決定を行なう。

一方、独力での敵艦隊撃破を明言した海軍は、第二次以降の旅順口閉塞作戦の成功に自信を持っていた。そのため、その後も陸軍に対し旅順要塞の攻撃要請を行なっていない。実際、三月末から四月上旬頃にかけてのある時期に、海軍軍令部参謀の山下源太郎（やましたげんたろう）が「海軍は尽す限りを尽せり。〔第二軍の〕塩大澳（えんたいおう）よりの上陸直後、海軍は旅順の陸上攻撃を要求せざるべし」と述べている。このことからわかるように、海軍は独力での旅順艦隊無力化に固執し続けた（『谷戦史』）。

そして、参謀総長の大山巌（おおやまいわお）、児玉、および海軍軍令部次長の伊集院五郎（いじゅういんごろう）が会同した四月六日の陸海軍会議において、たとえ第二軍が遼東半島の塩大澳に上陸したとしても、旅順要塞攻略を海軍からは要請しないことが決議され、陸海軍の合意事項となった。海軍は、独力による旅順艦隊無力化に相当な自信を抱いていた経緯もあって、陸軍に対し旅順攻略を希望するとは「体面上」言い出し難かったのだ。後述するように、海軍が旅順の早期攻略を要請したのは七月に入ってからのことである。だが、その頃にはすでに時機を失しており、手遅れといえた。

一方、海軍側の事情を察知した陸軍は、近い将来要塞攻撃の必要となる時機が来ると判断して攻城軍の編成準備を進め、五月一日に第三軍司令部を動員し、二十九日には戦闘序列を定め、「可成速に旅順を攻略するに在り。如何なる場合に於ても第二軍の後方に陸上よりする敵の危害を及さざる如くするを要す」という任務を附与した。第三軍は、旅順を攻略しロシア艦隊の根拠地を覆滅すると共に、遼陽に向け北進する第二軍の後方を旅順要塞のロシア軍守備隊による出撃から守る役割を期待されたのである（以上、『秘密日露戦史』）。

なお、この間、海軍は五月三日の第三次旅順口閉塞作戦に失敗したため、九日に艦艇と乗員に負担のかかる旅順港の直接封鎖に作戦を転換するも、十五日に戦艦「初瀬」・「八島」を触雷により失い、戦艦保有数を開戦時の三分の二に減らしている。結果的に、海軍側の内情を推知して旅順攻略軍の編成を進めた陸軍の判断は、適切なものとなった。

だが、このような経緯で、旅順攻略軍である第三軍の編成が遅れ、その戦闘序列下令が開戦から約三ヶ月後となったことは、開戦時には未完成であった旅順要塞を強化する時間をロシア軍に与える結果となり、その後の第三軍が苦戦する原因の一つとなった。

また、上述した編成の経緯は、旅順攻囲戦の性格に影響を及ぼしてもいる。すなわち、純粋な陸軍作戦というよりも陸海軍協同作戦の性格が強い作戦となり、全体戦略を考える大本営と現地軍（満洲軍・第三軍）との間で、複雑な交渉を要するものとなるのである。

二、第三軍司令部編成上の問題

乃木はなぜ軍司令官に任命されたのか？

第三軍司令部の動員が下令された翌日の五月二日、留守近衛（このえ）師団長だった乃木希典が第三軍司令官に親補された。開戦直前の二月五日に留守近衛師団長に就任するまで約二年八ヶ月もの間休職中だったこともあり、乃木の就任に関しては、同郷人である山県有朋（やまがたありとも）元帥の推薦による「藩閥人事」（『坂の上の雲』）であるとか、他の野戦師団長を飛び越えての「無理な人事」（大江志乃夫『日本の参謀本部』）であるといった指摘がなされている。だが、これらの指摘には十分な根拠が示されていない。そこで、乃木が軍司令官に就任した理由を検討しておきたい。

この問題を考えるうえで重要な証言が存在する。日露戦争開戦に際し、米国に派遣され外交工作を行なった金子堅太郎（かねこけんたろう）の回想である。金子は米国へ発（た）つ前に山県と会って、以下のような会話を交わしたという。

金子「乃木が今は怏々として楽まないで居りますから、今度の戦争には乃木をどうかして下さい。黒木・奥などは皆往くが乃木丈けは官報に出て居ない。私は二、三日立［経］つと亜米利加に往きますが、旧友として乃木のことを御願ひする」。

山県「乃木は肚の中で遣る所を極めて居る、まだ時機が来ない」。

（『臨時帝室編修局史料「明治天皇紀」談話記録集成』第六巻）

時機が来ないだけで配置する場所を決めているという山県の発言は、どのようにも取れる曖昧なものであるが、金子は山県の意中を「山県さんは最初から乃木を旅順に遣る積りであったらしい」と推測している。

山県が乃木を第三軍司令官に起用する意図を有していたとする金子説に対し、その作戦主任参謀に就任する白井二郎は、「順序も大方軍司令官になるべき地位に居られた」と説明する（前掲書）。これは何を意味するのか。

旅順攻略と攻城軍編成が決定された三月十四日当時、陸軍大将であったのは、山県、大山巌、野津道貫、佐久間左馬太、桂太郎、黒木為楨、奥保鞏の七人である。陸軍中将は先任順に、岡沢精、乃木、長谷川好道、西寛二郎、児玉、山口素臣、小川又次などであった（表1-1参照）。

この時すでに、山県は枢密顧問官、大山は参謀総長、桂は総理大臣、黒木は第一軍司令官、奥は第二軍司令官、児玉は参謀本部次長の重職にあり異動は難しい。また、山口は三月十七日に大将に昇進するも胃癌に冒されており八月に死去。侍従武官長の岡沢は明治天皇の信任があついため転出が困難。近衛師団、第二師団および第四師団は動員が発令されているため、その師団長を務める長谷川、西および小川の配置換えも難事である。

残るは、軍事参議官の野津、休職中の佐久間、留守近衛師団長の乃木の三人となるが、六十歳の佐久間は五十五歳の乃木と比べて年齢が高いうえに、休職の原因となった落馬による胸部負傷後に健康を害しており、満洲の不自由な戦陣生活を送るには不適当。野津は大将の先任順こそ三番目であるが、二番目の大山よりも一歳年上であり、日清戦争では山県の後任として第一軍司令官（大山は第二軍司令官）に就任するなど、大山が参謀総長であった当時、満洲に展開する野戦軍を統帥する総司令官候補として別格的人物であった。だとすると、第三軍司令官に就任できるのは乃木しかいないことになる。白井のいう、乃木が軍司令官になるべき「順序」にあったというのはこのことを指すのであろう。

山県の期待と推薦が存在した可能性は高いものの、推薦の有無にかかわらず、乃木は選任される順位にあった。それゆえ、乃木の軍司令官就任は、「藩閥人事」でも「無理な人事」でもなく、順当で常識的な人事であったといえるのだ。

第三軍司令部幕僚人選の問題

乃木以外の軍司令部職員を確認しておこう。軍参謀長には野戦砲兵監の伊地知幸介（いぢちこうすけ）が就任し、軍参謀副長には当時流行中のボーア戦術研究で有名で、かつ大本営参謀として旅順の研究を担当していた大庭二郎が就任している。大庭の補職は旅順問題を研究していたことで説明がつくが、伊地知が軍参謀長に選ばれた理由は明確ではない。

表1-1　明治37年3月14日当時の役職

陸軍大将		
山県有朋	66歳	元帥、枢密顧問官
大山巌	62歳	元帥、参謀総長
野津道貫	63歳	軍事参議官
佐久間左馬太	60歳	休職中
桂太郎	56歳	総理大臣
黒木為楨	60歳	第一軍司令官
奥保鞏	57歳	第二軍司令官
陸軍中将		
岡沢精	60歳	侍従武官長
乃木希典	55歳	留守近衛師団長
長谷川好道	54歳	近衛師団長
西寛二郎	58歳	第二師団長
児玉源太郎	52歳	参謀本部次長
山口素臣	58歳	第五師団長
小川又次	56歳	第四師団長

※ともに先任順。ただし年齢は明治37年誕生日のもの。

伊地知の経歴を見ると、①乃木のドイツ留学中に彼の通訳を務め、②日清戦争に際しては第二軍参謀副長として旅順攻略を成功させ、③軍参謀長就任までは野戦砲兵監を務め、要塞攻略で重要となる砲兵の権威として知られていた。さらに、④参謀本部第一部長を務め、海軍と交渉を行なった経験もある。これらの理由により、伊地知が軍参謀長に選任されたと推測できよう。

軍司令部は第一課（作戦）、第二課（情報）、第三課（後方・交通・通信）に分かれており、第一課には白井二郎と津野田是重、第二課には山岡熊治と安原啓太郎、第三課には磯村年と井上幾太郎が配置された。第三軍司令部は編成が遅かったこともあり、軍参謀の多くは、開戦に伴ない欧州から帰朝した人物で占められている。幕僚の出身兵科を見ると、歩兵科四人（大庭、白井、津野田、安原）、砲兵科三人（伊地知、山岡、磯村）、工兵科一人（井上）と、砲戦を重視した人選となっており、陸軍中央は、砲兵の専門家、旅順研究者、欧州で最新の兵学を見聞した新知識人といった充実した要員で軍司令部を編成したように見える。

だが、この幕僚人事には大きな問題が存在した。それは、①伊地知に軍参謀長としての資質や健康上の面で問題があったのみならず、②要塞を専門とする工兵将校が少ないうえに、③作戦を担当する第一課参謀の白井・津野田の両名が歩兵科出身で要塞戦術に詳しくなかったことだ。そこで、伊地知は、③の問題を解決する目的で、幕僚中唯一の工兵科出身者にして、ドイツに私費留学して要塞戦術を研究していた第三課参謀の井上に、要塞戦に関し第一課を補助すべしという命令を出している。

軍司令官と軍参謀長との組み合わせの悪さ

高等司令部職員の人選の良否は、作戦に多大な影響を及ぼす。第三軍司令部は参謀の配置以外に、職員の組み合わせにも問題を抱えていた。この点に関して、満洲軍参謀の尾野実信が次のように指摘している。

「第三軍では軍司令官の考えと軍参謀長の考えとの間に若干の齟齬が存在した。さらに、幕僚の意見もまちまちで、これを統一する人物がいなかった。こうなった原因は、軍司令部編成の際の人選と組み合わせが不適当であったことにある」（要約。『陸軍大学校課外講演集』第三輯）。

つまり、尾野は、①軍司令部編成の際の人選ミスが原因で、②乃木の考えと伊地知の考えとの間に齟齬が存在し、③バラバラの幕僚の意見を統一する人物が司令部内に存在しなかったと指摘しているのである。

乃木と伊地知との組み合わせの悪さを指摘するのは、外部の人間ばかりではない。攻城砲兵司令部高級部員（参謀長）である佐藤鋼次郎も次のように述べている。

「軍司令部編成に大きな欠点があったのが、苦戦した原因の一つである。軍司令官と軍参謀長との組み合わせだけは注意を払わなくてはならないが、第三軍の場合、両人の性格が正反対であった。乃木は、大山巌・野津道貫・黒木為楨より学識や才能が相当にあるので、伊地知のような参謀長に一任して置くのが不安であった。だが、干渉するのもよくないと考え、心配しながらも遠慮して何も言わない傾向が見られた」（要約。『佐藤回想』）。

すなわち、佐藤は、①旅順攻城失敗の原因の一つを軍司令部の編合の悪さにあると指摘したうえで、②乃木と伊地知との性格が正反対であったことが問題であり、③学識・才能ある乃木は伊地知の能力に不安を覚えていたが、干渉するのもよくないと考えて彼に事務を一任していたというのだ。

では、伊地知の性格のどのような点が問題であったのか？　この点は旅順攻囲戦の過程を辿るなかで追い追い明らかにしていくこととして、ここでは彼の健康問題についてのみ説明しておきたい。

先述したように、伊地知は履歴を見る限りでは軍参謀長として適任者といえた。だが、彼には喘息という痼疾があった。第三軍参謀を務めた井上幾太郎の八月一日の日記に次のような記述がある。伊地知と井上は、後甲子南方高地に登り、旅順要塞を展望して、その防御編成の堅固さに驚き、偵察結果を地図に詳細に記入した。だが、わずか比高百メートルしかないにもかかわらず、登山の際の伊地知は、「疲労し、呼気烈しく、喘息にて大に悩めり」という状態で、井上が後ろから彼の体を押し上げて登る有様であった。これを見た井上は、

「斯の如く弱体にて軍参謀長たる重任を能く果し得るや疑はしき感を生じたり」との感想を書き残している。

乃木や井上の日誌を確認すると、彼らが精力的に第一線を巡視しているのに対し、伊地知の巡視・偵察活動が不活発であることがわかるが、その理由の一つは彼の健康問題にあったのだ。

「老朽変則」の人物の真相

ところで、司馬遼太郎氏が『坂の上の雲』で、伊地知のことを「老朽変則の人物」と書いたこともあり、伊地知には「老朽（＝高齢で役立たず）変則（＝正規ルートである陸軍大学校を卒業していない）」という批判がつきまとっている。

この語の出典は、谷寿夫『機密日露戦史』である。谷は、第三軍某旅団長から参謀本部次長の長岡外史に出された書簡の中に「老朽変則の人物を挙げて参謀長の位置に置くは決して軍隊の慶事に非ず」とあるのを引用したうえで、「吾人はこれを以て軍参謀長を非難するにあらず。かくの如き難局に処する参謀長の立場に同情せざるを得ず」と批評している。すなわち、谷は、長岡宛て書簡にある「老朽変則」の「参謀長」が「軍参謀長」の伊地知であるという史料解釈を行なったのだ。

同書の記述は小説家のみならず歴史学者にも影響を与えた。日露戦争研究で知られる大江(おおえ)志乃夫(しのぶ)氏が「戦術家としては無能力の乃木軍司令官のもとに、情実人事による『老朽変則』の参謀長を配した」（『日露戦争と日本軍隊』）と指摘したことで、歴史学者の間でも「伊地知＝老朽変則」というイメージが通説として定着したのである。

しかし、近年、谷の史料解釈は誤りであり、「老朽変則」の人物とは「軍参謀長」伊地知のことではなく、「第十一師団参謀長」石田正珍(いしだまさたか)のことであることが判明している。そこで、この点について説明してみたい。

谷のいう第三軍某旅団長とは、第十一師団で第二十二旅団を率いる神尾光臣(かみおみつおみ)のことである。神尾が書いた書簡の関係部分を引用したうえで内容を検討してみよう。

「生〔神尾〕の兄〔長岡〕に待期［ママ］する所のものは参謀官の撰択是れなり。特に老朽変幻の人物を挙げて参長〔参謀長〕の位置に置くは決して軍隊の慶事にあらず。生も曾(かつ)て其職を演ぜし事ありしもそは数年前の事にして今は時勢一変しあり、即ち各師団とも正途に教育を受けたる候補者目を突く程あるなり。速(すみやか)に此等(これら)の人を挙げて其任を充たし、真個参長の活働［ママ］をなさしむるは目下急務中の急務なりと信ず」（『長岡書簡』）。

まず目につくのは、『機密日露戦史』が「老朽変則」としている部分が「老朽変幻」となっていることである。これは書簡を掲載した『長岡外史関係文書』の翻刻ミスである可能性が高い。

次に、注目すべきは、神尾が、老朽変則の人物を参謀長にするのは軍隊にとって喜ばしいことではないと述べた直後に、「生も曾て其職を演ぜし事あり」（私もかつて参謀長の職に就いたことがある）と述べている点だ。

日露戦争以前の履歴を確認してみると、神尾は、明治三十三年には第一師団参謀長に、明治三十四年には第十師団参謀長に就任しているが、軍参謀長に就任した経験はない。つまり、神尾が老朽変則の人物としている参謀長は、軍参謀長ではなく師団参謀長のこととなる。

神尾が、遼東半島上陸以後の戦場における経験をふまえてこの書簡を書いたのは、明治三十七年七月二十日である。当時、第三軍隷下の師団は第一、第九および第十一の三個であった。第九師団の戦線加入は七月二十一日以降であるので、神尾が批判する師団参謀長は、第一師団参謀長の星野金吾か、第十一師団参謀長の石田正珍のどちらかということになる。では両者のうちのどちらであろうか。

この謎を解くカギは神尾の書簡にある。神尾は「正途に教育を受けたる候補者」を抜擢して師団参謀長にせよと述べている。参謀職にとっての「正途の教育」とは、参謀ないし高級指揮官養成を目的とする陸軍大学校での教育を意味する。星野は同校の卒業者（六期）であるのに対し、石田は卒業していない。したがって、神尾が批判している師団参謀長とは、神尾旅団が属する第十一師団の石田のことなのである。

ところで、神尾は石田を「老朽変則」と指弾したうえで、その更迭を長岡に求めているが、石田の無能ぶりを非難しているのは神尾だけではない。

たとえば、第十一師団隷下の第十二連隊長である新山良知は、「第十一師団の作戦計画の不充分、不完全、不決定」を「言語同断〔道〕」であると強く批判したうえで、その原因を「石田参謀長の無為無能」に帰し、更迭を求めている。

さらに、伊地知も、第一回総攻撃直後に、今日までの第十一師団の戦闘ぶりに不適当な点があると指摘したうえで、その原因が石田にあるとして、次のように述べている。

「石田は寧ろ一の精神者にして個人としては立派なる人物なれ共、参謀長としては知識なく技能乏し、師団が上陸以来の作動〔ママ〕に失当の事多し、到底石田は其職に適せず、幸に師団には河村〔秀一〕、足立〔愛蔵〕等の大学校卒業者あり、此際更迭せしめられんことを望む」（以上、『長岡書簡』）。

後述するように、第十一師団は前進陣地攻略戦から第一回総攻撃まで、作戦上多くの失敗を重ねた。しかも、第一回総攻撃の際に、石田は旅団長と対立している。その結果、作戦失敗の原因が石田の能力不足に求められ、第十一師団長の土屋光春や伊地知が石田の更迭に向けて動き、九月に石田は解任されることとなった。

しかも、第十一師団は参謀長のみならず、主要幹部の多くが能力的に問題を抱えていた。具体的には、土屋が第九師団長の大島久直(おおしまひさなお)と異なり前線で指揮をとらないことから、部下からの評判が悪いうえに師団長としての能力を疑問視され、第十旅団長の山中信儀(やまなかのぶよし)が戦機を見ても師団命令がないと動かないことから「無能」・「愚将」と評されている。さらに、第四十四連隊長の石原廬(いしはらいおり)にいたっては、多くの戦死者を出したからであろう、連隊所在地である高知の人々から憎悪されたという（『森日記』・『鶴田日誌』）。

指揮系統をめぐる対立

第三軍司令部には、参謀の配置、軍司令官と軍参謀長との組み合わせの悪さ以外に、指揮系統をめぐる問題も存在した。この問題は、満洲に出征した諸軍を指揮する高等司令部（後の満洲軍総司令部）の設置と関連して生じた問題である。

すなわち、高等司令部創設に当たり、総理大臣の桂太郎（陸軍大将）が、第三軍を大本営に直隷(ちょくれい)させることを主張し、山県元帥と陸軍大臣の寺内正毅(てらうちまさたけ)がこれに同意した。旅順攻囲を任務とする第三軍を、満洲平野での作戦を指揮する陸軍総督（後の満洲軍総司令官）の隷下に置くことは、南北の戦場の距離が隔絶しているだけではなく、作戦の性格も違うため、「不道理」であるのみならず、どちらか一方の作戦が粗略になる恐れがあると考えたのである。これに対し、参謀本部の大山と児玉らが陸軍総督隷下に置くことを主張し、対立が生じた。

この問題は、最終的に、児玉が「予は坊主となり山中に引退し断じて再会せず」と退役を賭して強硬に反対したこともあり、明治三十七年六月十八日に、満洲軍総司令部の隷下に置くことで解決をみた（以上、『谷戦史』）。

ただし、『桂太郎発書翰集』にある六月六日附けの山県宛て桂書简によると、この決定は、とりあえず両方面の軍（北進軍・第三軍）を満洲軍総司令官の指揮下に置いておき、今後の作戦の結果必要が生じた場合、大本営の命令で第三軍を満洲軍総司令官の指揮下から外すという含みを持たせたものであったようだ。

こうした経緯があったため、指揮系統をめぐる論争は、旅順攻囲戦の過程で大本営が作戦に介入しようとしたり、九月末に明治天皇が北進中の満洲軍との距離が隔絶していることを理由に、大本営の直轄とすべしと提案したりすることの遠因となり、後々まで作戦に大きな影響を及ぼす結果を招いた。

三、前進陣地攻略戦

旅順要塞建設の経緯

明治三十一年（一八九八）にロシアが旅順を租借しこの地を極東戦略の立脚点とするや、ロシア陸軍省は守備兵約七万人、備砲約五百門、陸正面本防御線の延長約七十キロという大規模な防備計画を立案した。だが、この計画は財政上の理由で、守備兵約一万一千余人、備砲約二百門、陸正面本防御線の延長約十八キロという規模に大削減されてしまう。

しかし、最も短小な本防御線を選定したこの防備計画は、本防御線が市街および港湾に近すぎるのみならず、敵軍が本防御線外側の二〇三高地や南山坡山（なんざんはざん）などを占領した場合、市街および港湾が砲撃に曝（さら）される欠点を有していた。そのため、この欠点を補完する目的で、防御線を約二十五キロに拡張し、財政難を回避するために工事を二期に分けて進めることが決定される。第一期は望台（ぼうだい）附近の山脈から椅子山（いすやま）、人・小案子山（あんしやま）を経て太陽溝（たいようみぞ）附近の高地にわたる本防御線、第二期は大孤山（だいこさん）、水師営（すいしえい）南方高地、南山坡山、二〇三高地などの外部防御線の順である。総工費は約千五百万ルーブル、完成予定は明治四十二年とされた。

明治三十三年一月、ロシア皇帝ニコライ二世が防備計画を裁可するや、ただちに工事が開始される。だが、第一期工事の完成予定年である明治三十七年は、日露戦争開戦の年となってしまう。それゆえ、開戦時、防御の重点が置かれていた海正面の工事こそ概ね終了していたものの、陸正面の工事は半分も完了しておらず、二、三の主要堡塁が完成していた程度であった。たとえば、日本軍に大出血を強いた二龍山堡塁は胸墻が存在せず、東鶏冠山北堡塁は工事の一半が竣工していたのみで外岸穹窖（外壕底への侵入者を射撃できる部屋）などのベトン（コンクリート）壁が未完成であったほどだ。

そのため、後述するように、日本軍が要塞前面に進出するまでに、遼東半島遮断まで開戦から約三ヶ月、攻囲線完成までさらに約三ヶ月の、合計約六ヶ月もの時日を要したことは、ロシア軍に旅順要塞強化の時間的余裕を与える結果となった。そして、ロシア軍は、開戦後の三月に旅順要塞司令官に着任した要塞戦術に詳しいコンスタンティン・スミルノフ中将と、工兵科出身で要塞築城の専門家であるロマン・コンドラチェンコ少将（東シベリア狙撃兵第七師団長）の強力な指導の下、日本軍により与えられたこの時間を利用して、要塞防備の強化工事を実施したのである。

旅順要塞の構造

旅順要塞は、①南山と双台溝、鞍子嶺、大白山の線とにある遠距離の前進陣地、②大孤山、水師営南方の堡塁（近戦自衛の設備を備えた防御営造物）群、南山坡山、二〇三高地、および大頂子山などにある近距離の前進陣地（外部防御線）、③南太陽溝附近から大・小案子山、椅子山、松樹山、二龍山、盤龍山、東鶏冠山を経て白銀山にわたる本防御線、④白玉山より教場溝西北高地、趙家溝南方高地を経て老母猪脚東方高地にわたる最終抵抗線（複廓陣地）から成っている。

写真 1-1　二龍山堡塁外壕
出典：大本営写真班撮影『日露戦役写真帖』第十三巻（小川一真出版部、1905 年）

　この要塞は、堡塁などの近戦用設備と、砲台（大砲と掩体〔火器の効力を発揮し敵弾を遮るための設備〕を備えた防御営造物）などの遠戦用設備とを分離した「支点式」（拠点式）に属しており、その特長は、堡塁と砲台を野戦築城と旧囲壁（「支那囲壁」）で連接した点にあった。また、堡塁・砲台を適切な間隔で配置することで、中間地区を側防火力で閉塞すると共に、堡塁・砲台の前方に組織的火網を形成できるようになっていた。

多くある堡塁の中でも東北正面の松樹山堡塁、二龍山堡塁、東鶏冠山北堡塁、西北正面の椅子山堡塁、西太陽溝堡塁、鴉鳲嘴(あしし)堡塁といった永久堡塁が防御の中核である。永久堡塁の外側斜面には高圧電流の流れる鉄条網や地雷などの副防御物が配置され、ベトン製の外岸穹窖を備えた外壕（幅六〜十二メートル以上、深さ七〜九メートル以上）と共に、敵攻撃部隊の堡塁内部への侵入を阻んでいた（写真1-1参照）。

両軍の攻防の舞台となった主要堡塁の構造を説明しておきたい（図1-1参照）。

まず、松樹山堡塁は、本防御線を二分する龍河以東における本防御線最西端に位置し、東は二龍山堡塁、西は龍河を隔てて椅子山堡塁、小案子山砲台・大案子山堡塁などと相互に支援しあっていた。胸墻の厚さは正面が約二十メートル、側面が約六メートル。外岸は垂直に近い断面で、外壕の深さは約六〜九メートル、幅は約七〜十四メートル。外岸正面にはベトン製の外岸穹窖が設けられ、外壕内を側防できるようになっていた。装備は火砲十九門、機関銃（当時、日本陸軍は機関砲と呼んでいた）二挺(ちょう)であった。

次に、二龍山堡塁は、松樹山堡塁と盤龍山西堡塁との中間に位置する永久堡塁で、龍河以東の本防御線上で最大規模である。厚さ約十メートルの胸墻、深さ約十メートル、幅約八メートルの外壕、ほぼ垂直に近い内岸・外岸を有していて、外岸と内岸にはベトン製の側防穹窖（防衛目的で内岸や外岸に設けた部屋）があった。装備は火砲四十二門、機関銃四挺だった。

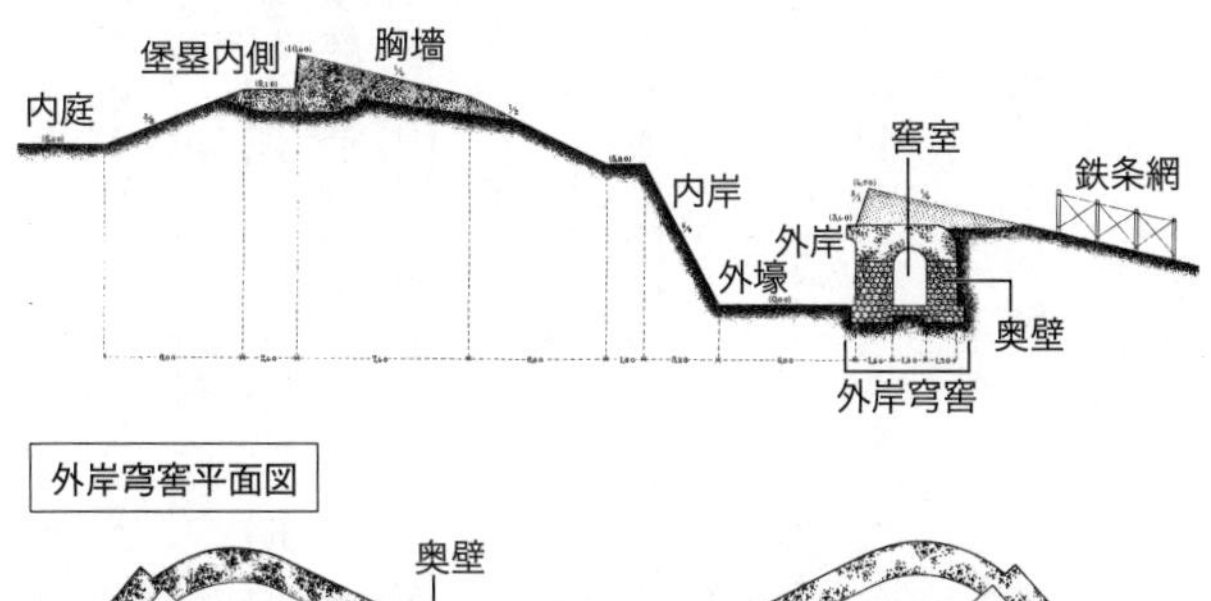

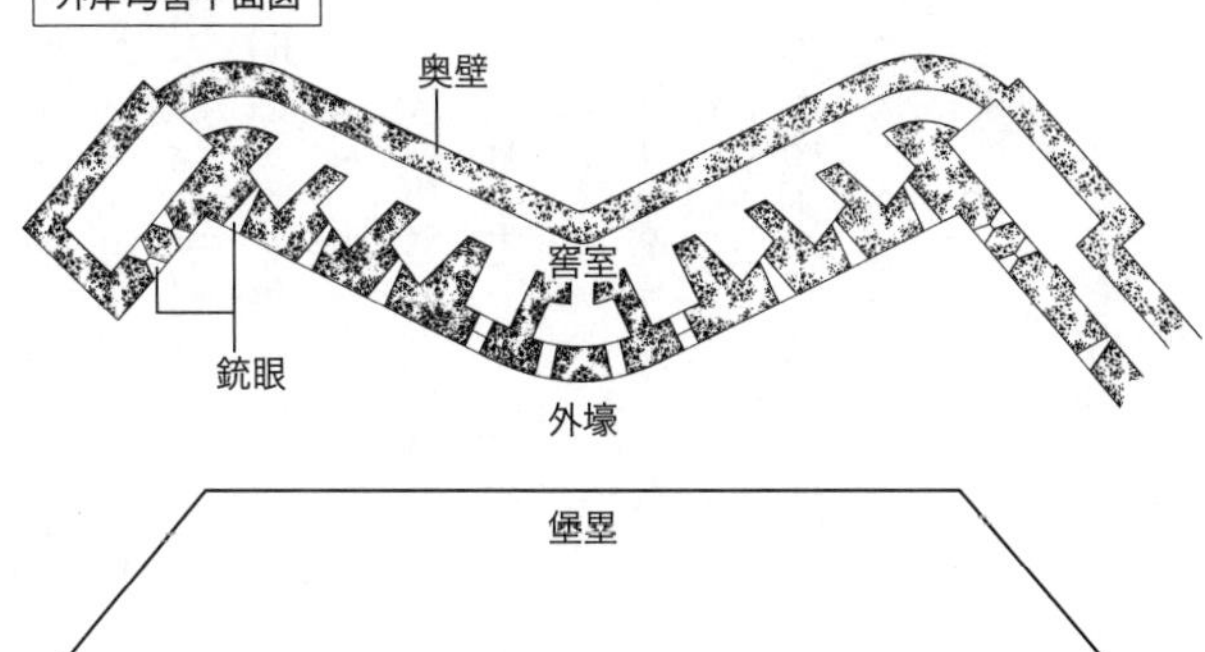

図 1-1　東鶏冠山北堡塁の構造

出典：参謀本部編『明治三十七八年日露戦史』第六巻附図（東京偕行社、1914年）附図第十

そして、「化物屋敷」とか「突撃した者は皆行方不明になる」（「井上回想」）との報告がなされ、日本軍が本防御線で最も堅固と考えていたのが、東鶏冠山北堡塁である。この堡塁は、厚さ約十二メートルの胸墻、深さ約五〜六メートル、幅約十メートルの外壕、ほぼ垂直で内部にベトン製外岸穹窖のある外岸を有し、火砲二十一門、機関銃二挺を備えていた。

堡塁の構造は図で見る

と一目瞭然（りょうぜん）であるが、至近距離での偵察が困難なこともあり、外壕の深さなどの正確な情報を第三軍が知ることができたのは、第二回総攻撃実施中の時のことである。

なお、軍司令部職員の組み合わせや配置に問題のあった日本軍と同様に、ロシア軍も指揮系統に問題を抱えていた。明治三十七年三月、旅順要塞の戦略的重要性を認識するロシア満洲軍総司令官のアレクセイ・クロパトキン大将が、旅順要塞司令官だったアナトーリイ・ステッセル中将を関東軍司令官に転出させ、要塞戦術に詳しいコンスタンティン・スミルノフ中将を後任の旅順要塞司令官に任命し、ステッセルに指揮権を引き渡すよう命令した。だが、ステッセルがこの命令を秘匿し遂行しなかったため、旅順要塞には二人の司令官が存在することとなり、防衛戦の間、相反する命令が出されるなど、作戦の遂行に悪影響が出てしまったのだ。

このようにロシア軍は、外部防御線および指揮系統に欠陥を抱えたまま、日本軍による攻撃開始の日を迎えることとなる。

南山の戦いの衝撃

五月五日、遼東半島の地峡部と大連を占領した後、遼陽を目指し北進することを任務とする第二軍が、猴兎石（こうとせき）に無血上陸した後、ただちに普蘭店（ふらんてん）に進出して半島を分断。続いて二十五日に半島最狭部の南山に築かれたロシア軍の半永久陣地を攻略して旅順のロシア軍を孤立させることに成功し、二十八日には大連を占領した。第二軍が大連を占領した理由は、陸軍が満洲軍の兵站（へいたん）基地や後続部隊の上陸地として使用しようと考えていたことにあった。

だが、第二軍は南山の戦いにおいて、乃木の長男勝典（かつすけ）（戦死）を含む四千三百八十七人もの死傷者（戦闘参加者の約十二パーセントに相当）を出すと共に、三万四千四十九発（一門平均百五十七・六発）もの砲弾を消費し、大本営陸軍部を驚かせている。

大本営陸軍部の驚愕には理由がある。第二軍が日清戦争の全期間で消費された砲弾量（約三万四千九十発）をわずか一日の戦闘で消費したからだ。砲弾準備数量は直近の戦争の経験に即して決定されるので、陸軍首脳は戦争序盤で早くも砲弾不足を懸念し始めた。南山の戦いは、陣地攻略の困難さと陣地戦に必要な砲弾量の多さという二つの点で、旅順要塞攻略を任とする第三軍にとって不吉な前兆となったのである。

五月二十七日、軍司令部は東京を出発し、二十九日に広島に到着。三十一日には軍作戦参謀の津野田是重が参謀本部から交付された戦闘序列、作戦計画および訓令を持参して広島に来着した。これらの書類は以前に完成していたが、第二軍による大連湾占領の期日が予想できず、第三軍の任務を明確にすることができなかったため、正式に交付できなかったのである。なお、この時の戦闘序列では、第三軍は第一師団、第十一師団および攻城特種部隊から成っていた。

三十日に勝典の戦死を知った乃木は、三十一日に広島の片山写真店で勝典・保典兄弟が出征時に撮影した写真の種板を片手に記念撮影を行ない、妻の静子に宛てて「カツスケ、メイヨノセンシ、マンゾクス、ヨロコベ、イサイフミ」との電報を打っている。

六月一日、軍司令部は宇品を出港し、六日張家屯に上陸した。当時、約二個師団のロシア軍が旅順救援の目的で南下し第二軍の前面に進出していて、旅順のロシア軍守備隊がこれに策応して出撃する可能性があった。そのため、速やかに第一・第十一師団を指揮する必要があった乃木は、幕僚のみを従え北泡子崖に急行する。

途中、金州近くの劉家屯に宿泊した彼は、南山の古戦場を巡視し、山中にある戦死者の墓標にビールを献じて飲んでいる。この時、詠まれたのが「山河草木転荒涼　十里風腥新戦場　征馬不前人不語　金州城外立夕陽」（後に山河は「山川」に、夕陽は「斜陽」に改められた）という漢詩である。「十里風腥新戦場　征馬不前人不語」は形容ではなく、道を埋める負傷者後送の列に、金州に向かう馬の足並みを鈍らされた実体験の反映であった。

歪頭山および剣山の占領

六月八日、軍司令官一行は北泡子崖に到着し、第一・第十一師団長から、一個師団から一個師団半のロシア軍が双台溝、鞍子嶺を経て黄泥川（おうでいがわ）にわたる線を占領しているらしいとの状況報告を受けた。

それを聞いた乃木は、任務はなるべく速やかに旅順を攻略することにあるものの、攻城砲兵と配属されたばかりの後備第一旅団が戦場に到着する前に、強固な敵陣地に対し前進を開始したならば無駄な損害を出す恐れがあると判断。後続部隊の到着を待って、一挙に前面の敵を旅順要塞に圧迫する決断を下し、両師団長に陣地を固守するよう命じる。

さらに十五日に、攻城材料、攻城砲兵司令部および野戦鉄道提理部を輸送中の「佐渡丸（さどまる）」が、ロシア海軍ウラジヴォストーク巡洋艦隊の攻撃を受けて損傷し、攻城材料などの大連到着が約二週間遅れることとなったため、前進開始はさらに遅延することとなってしまう。

だが、この乃木の決心は戦機を逸するものであった。というのも、『露軍之行動』第九巻によれば、ロシア軍は南山の戦いに敗れた後、大龍王塘（だいりゅうおうとう）より鞍子嶺を経て双台溝にわたる線に徒歩猟兵と微弱な前衛部隊を残したのみで鳳凰山（ほうおうざん）北側地区に退却しており、第三軍上陸の八日後に当たる六月十四日に陣地を構築する命令を出すまで、ステッセル中将はこの線の前進陣地を固守することを考えていなかった。そのため、もし第二軍が南山占領後、もしくは第三軍が上陸後ただちに前進を開始していたならば、日本軍は約二千八百四十人もの損害を出すことなく、比較的容易に前進陣地を占領できていたのみならず、迅速に旅順要塞前面に進出して、本防御線に対する偵察活動や攻撃準備を入念に実施し得た可能性が高いからである。

大連占領後、日本軍は大連港の掃海・復旧工事を進めていたが、「運用の神様」と称された三浦功海軍少将（戦時艦隊集合地港務部長）の活躍もあり、六月二十五日から攻城部隊などを載せた輸送船の揚陸が可能となった。

しかし、ロシア軍が日本軍陣地を瞰制できる歪頭山（標高四〇六メートル）と三六八高地（老横山。後に徳島の第四十三連隊が占領したことから、乃木により徳島県最高峰の剣山にちなみ剣山と命名された）を占領して大連湾を監視していた。そこで、軍司令部は揚陸作業を安全にする目的で歪頭山を攻略することとし、これを大本営に報告し認可を得ようとする。だが、参謀総長からの返電は、攻略は後続兵団が到着してからにせよというものであった。しかしながら乃木は、歪頭山奪取の必要性を重視すると共に、前面のロシア軍が一個師団半であるため攻撃をしても危険がないと判断して、大本営の干渉を排し、決心を変更しなかった。

二十六日、第三軍は攻撃を開始し歪頭山および剣山を占領。二十七日には第十一師団の左翼隊が黄泥川右岸に進出し、大白山・老左山を占領する。だが、左翼隊長の神尾光臣が、同地が敵艦隊の射撃に曝露していることを理由に、警戒部隊を配置したうえで、主力を黄泥川左岸の双頂山附近に後退させて陣地を占領したほうがよいと師団長の土屋光春に意見具申し、これが認可されてしまう。そして、この土屋と神尾の決断が、ロシア軍に恢復攻撃（敵に奪われた陣地を奪回するための攻撃）の機会を与えることとなった。

七月二日夜、ロシア軍は日本軍陣地の突出部であり旅順要塞前面の要地でもある剣山の奪回を目的に逆襲を開始し、三日に日本軍の防御が手薄だった大白山・老左山を占領。以後五日まで激戦が展開され、第三軍はロシア軍を撃退したものの、大白山・老左山を奪取され、二百五人の死傷者を出した。一旦占領しながらも主力をさげた土屋の判断は誤りであったのだ。

しかも土屋は、戦闘中の四日午後、現陣地の保持困難を伝える悲観的報告を行ない、軍司令部を騒がせている。佐藤鋼次郎の回想録『日露戦争秘史　旅順攻囲秘話』によると、この報告は伊地知幸介の頭脳を刺激し、その結果、彼は前途の作戦を悲観的に考えるようになり、以後の作戦に悪影響を及ぼすことになったという。

なお、この間の六月三十日、戦闘序列が改変され、第三軍は第一・第九・第十一師団、後備第一・第四旅団、野戦砲兵第二旅団、攻城特種部隊などで編成されることになった。

前進陣地の攻略開始時期をめぐる論争

歪頭山および剣山の確保後に活発化したのが、前進陣地攻略の時期をめぐる軍司令部内の意見対立である。この件に関しては、谷寿夫『機密日露戦史』が「詳細は口述」としており、これまで詳しいことは不明であった。だが、井上幾太郎の七月十六日の日誌によれば、それは次のようなものだ。

　歪頭山・剣山の占領以前から、幕僚の大部分は、「後備第一旅団の到着の時期を以て、前面の陣地の未だ堅固ならざる時に於て之を攻撃し、直に敵を本防禦線に圧迫する」のが良策であると伊地知にしばしば意見具申をしていた。だが、伊地知はこれを採用せず、参謀副長の大庭二郎も敢然と伊地知と争うことをしない。そのため、攻城砲兵の展開を待つという伊地知の意見が作戦方針となった（「井上日記」）。

　つまり、攻城砲の展開を待っていては、ロシア軍の前進陣地と旅順要塞の本防御線とが堅固になると幕僚の多数が考えたのに対し、砲兵出身の伊地知は、攻城砲の展開を待つという慎重策を採用したのである。換言すると、両者の対立軸は、戦機―チャンス―と統一的な戦力発揮―パワー―のどちらを重視するのかという点にあり、伊地知は後者を重視したのだ。

「果断な男」（『佐藤回想』）と評された大庭が、伊地知と争わなかったのには理由がある。伊地知が剛愎な性格の人物であったのだ。「日露戦役回想談」によると、伊地知は参謀本部第一部長時代に、陸軍の実力者である総務部長の田村怡与造と作戦計画をめぐり対立したことがあった。田村は伊地知の不在中に第一部員を集め彼の作戦計画を批評するものの、第一部には勢力が及ばない。そこで、田村は伊地知を野戦砲兵監に転出させたうえで、後釜（あとがま）に松川敏胤を据え、これにより第一部を遠慮なく指導できるようになったという。大庭が、田村ほどの有力者を抑えた剛愎さを持つ伊地知に対し、敢然と争う勇気を持てなかったのも無理がないといえよう。

また、伊地知の方針に不満を持つ幕僚らが、乃木に意見を直接具申しなかったのにも理由がある。「戦時高等司令部勤務令」の規定により、軍参謀は軍参謀長を経由することなく軍司令官に直接意見を具申することができなかった。そのため、軍参謀長が自説に固執し、軍参謀副長も調整に不熱心な場合、軍参謀はいかんともし難かったのだ。

大本営・海軍による旅順攻撃速進要求

六月十日、桂太郎、山県元帥、寺内正毅、大山、および児玉らが大本営に会して、対露作戦計画大方針を評議し、旅順攻略後に第三軍を野戦に転用することを決議した。

しかし、陸軍首脳部は第三軍に旅順攻略後の遼陽附近での会戦への参加を期待してはいたものの、児玉が伊地知に旅順の陥落を急き（せ）立てるようなことは決してしないと「断言」していたこともあり、この時点では、早期の旅順攻略を望む圧力はそれほど高くはなかった（「大庭日記」）。

事態が変化したのは七月以降のことである。ロシア政府が五月二十日に第二太平洋艦隊（バルチック艦隊）の極東派遣を公表すると、旅順艦隊を撃滅する必要が生じ、焦慮を強めた大本営や海軍軍令部が、七月以降、旅順を迅速に攻略するよう第三軍やその上級司令部である満洲軍に圧力をかけ始めたのだ。

七月十一日、連合艦隊司令長官の東郷平八郎（とうごうへいはちろう）が、バルチック艦隊東航の関係から艦艇修理の必要性を説くと共に、一日も速やかな旅順攻略が「最大急務」であるとして、攻略速進のためあらゆる手段を採ることを求める電報を、海軍軍令部長の伊東祐亨（いとうすけゆき）に打電した。翌十二日、伊東は東郷からの電報を参謀総長に就任した山県に示して、速やかな旅順攻略を要請し、その同意を得る。そして、山県は満洲軍総司令官に就いた大山に対して海軍の意見を通報し、旅順攻略は「焦眉（しょうび）の急」であり、第三軍は第九師団および野戦砲兵第二旅団の到着を待つことなく攻撃を実行できる兵力を有しているとして、第三軍に「少しく無理推［押］し」を望むのもやむを得ないと伝えた。

十八日、伊地知ら軍幕僚が、満洲軍総参謀長の児玉と大連で協議し、前進陣地の攻撃開始時期を来る二十五日頃とし、七月三十日までに攻囲線を占領、八月二十一日に旅順要塞に対する砲撃を開始し、八月末に攻略を完了することを協定した（以上、「極秘海戦史」）。

伊地知がこの攻略日程を主張した理由は、以下のようなものだ。

「我が軍が攻城砲兵の到着を待たずに攻囲線に待機することは、いたずらに損害を大きくする結果を招くことになるので、待機時間をなるべく短縮するために、攻囲線を占領した後線内の鉄道を修理し、攻城砲兵をただちに展開できる時期を基準として定めた」（現代語訳。「井上日記」）。

つまり、砲兵の専門家である伊地知は、ロシア軍の要塞重砲の威力を過度に恐れるあまり、攻城砲兵の掩護（えんご）のない野戦部隊のみが要塞前面の攻囲線にあると、敵の砲撃に曝されて損害が大きくなると考えた。そこで、そうした時間をできる限り短縮するために、野戦部隊の前進開始を攻城砲兵の展開が可能となる時期まで遅らせる決断をしたのである。

しかし、井上幾太郎は、回想録である「日露戦役経歴談」において、この伊地知の決定を「重大な過失」であり「大失策」であったと批判する。第三軍が前進陣地への前進を遅らせたことで、ロシア軍に前進陣地や本防御線に堅固な工事を施す時間的余裕を与えることとなったからだ。そのため、日露戦争後に攻城教令（攻城戦のためのマニュアル）が編纂（へんさん）された際、この失敗を戦訓として、野戦軍は攻城部隊の到着を待たずして、できるだけ速やかに攻囲線を占領するようにとの記載が採用されている。

一方、児玉から第三軍との協議内容に関する報告を受けた大山は、旅順攻略は八月末になる旨の協議結果を参謀総長に通報する。二十三日、この電報に接した大本営は、旅順攻略をなお一層速めることを決定し満洲軍に通知、さらに翌日には海軍軍令部長が、攻略日程の繰り上げは「皇国の興廃」に関わる重大事だとして、遅くても八月十日頃までに旅順を攻略するよう大山に要請した。だが、二十八日の大山の答電は、攻城材料の運搬に必要な鉄道の整備などの理由により攻略期日の短縮はできないというものであった（「極秘海戦史」）。

つまり、満洲軍は第三軍の攻略日程を支持し、大本営の日程短縮要求を斥けたのである。沼田多稼蔵『日露陸戦新史』によると、当時、大本営には日程短縮のために、攻城砲および攻城材料の運搬を鉄道ではなく、人力と馬力で実施する内意があったというから、大本営がいかに旅順の早期攻略を焦慮していたかが窺える。

前進陣地の攻撃が開始されたのは七月二十六日のことであった。山県は同日付けで乃木に宛てて書簡を書いており、そこには海軍側の事情とウラジヴォストーク巡洋艦隊の跳梁、そしてバルチック艦隊東航の見地から、旅順攻略は「頗る拙速を尚ぶ」とか、旅順陥落の遅速は「全軍勝敗之繫る至重至大問題」であるといった文字が並んでいる（『公爵山県有朋伝』下巻）。

さらに、参謀本部のみならず、七月十八日の協議の席で、遼陽方面の会戦への第三軍の参加を希望していた満洲軍も、八月末に旅順攻略を完了するという攻略日程を、「非常に遺憾」（「白井回想」）に感じていた。

つまり、第三軍はこの頃になると、旅順攻略後に北進して決戦正面の会戦に参加して欲しい参謀本部・満洲軍の要望や、バルチック艦隊の到着以前に攻略して欲しい海軍軍令部の要求に応えるために、迅速に旅順を攻略しなければならなくなっていたのだ。そして、この大本営や海軍軍令部による早期攻略要請が、第一回総攻撃の際の攻撃方法決定に影響を与えることとなるのである。

前進陣地に対する作戦計画

日本軍のロシア軍前進陣地に対する作戦計画は、双台溝、鞍子嶺、大白山の三方面に各一個師団を前進させ、攻撃重点（主攻）を鞍子嶺に置いて前進陣地を攻略し、一挙に長嶺子から鮑魚肚にわたる線に進出するというものであった。「大庭日記」によると、この作戦計画は、乃木と伊地知が定めたという。「計画は将軍自らの計画ではなかった、将軍は唯だ其責任を負うたのだ」と書くスタンレー・ウォッシュバーン『乃木』の影響もあり、乃木は幕僚が作成した作戦計画を点検したうえで決裁し、その責任を負うだけというイメージが強いが、作戦計画決定に主動的役割を果たすことがあったのだ。

四手井綱正「日露戦史講授録　第一篇」によると、攻撃計画策定に際し、議論となったのが、攻撃重点をどこに向けるかという論点であった。左翼の大白山方面は、運動困難な山地であるうえに、常に敵の正面に対し攻撃することになるとして不可とされた。となると、残るは右翼の双台溝方面か、中央の鞍子嶺方面となる。双台溝方面は、地形が比較的に緩やかという利点がある反面、敵の堅固な陣地が存在し多くの損害が出ることが予想され、かつ敵の退路を脅かすことが難しいという欠点があった。

　一方の鞍子嶺方面は、山地のため部隊を動かすことが難しいという不利益がある。だが、三四八高地（凹字形山）が敵陣地の要点（鎖鑰）かつ弱点（突出部）となっているため、ここを奪取すれば致命的打撃を与えることができる。さらに、奪取した三四八高地より鞍子嶺に接続する稜線に沿って鞍子嶺陣地の側翼に迫ることで、南北両方面の敵を撤退に追い込むことができる利点もあった。

　乃木と伊地知が、中央の鞍子嶺方面に攻撃重点を向けたのに対し、大庭二郎は右翼の双台溝方面を攻撃重点とする意見を持っていた。

　また、この作戦計画の報告を受けた満洲軍総司令部も、第三軍の作戦計画を不適当と判定している。総司令部は、鞍子嶺方面は峻嶮な山地で運動困難なうえ、損害も多くなる可能性が高いと判断。第三軍案のように兵力を全正面平等に配置するのではなく、第十一師団と後備第一旅団に中央の鞍子嶺と左翼の大白山方面を牽制させる一方で、第一・第九師団をもって右翼の双台溝方面の平地を攻撃し、一挙に長嶺子へ突進することで、鞍子嶺および大白山の敵を戦わずして退却に追い込むことを妥当としたのである。しかし、総司令部は、第三軍の作戦にあえて干渉しなかった。

鞍子嶺附近前進陣地の攻略

前進陣地に対する攻撃開始日に当たる七月二十六日午前四時、軍司令部は意気沖天の勢いをもって約五十日間の滞陣に厭（あ）きた北泡子崖を出発し、午前六時、利家屯（りかとん）西北高地に進出した。この日は濃霧であったため砲撃開始に遅れが生じ、砲兵が第一発を放ったのは午前八時前後のことであった（図1－2参照）。

攻撃重点の三四八高地に対する攻撃は第九師団右翼隊が担当した。だが、この攻撃は、最初からハプニングに見舞われる。右翼隊に属する第十九連隊長の佐治為善（さじためよし）が偵察したところ、高地の前面に崖（がけ）が存在し、隊を組んでの前進が不可能であることが判明したのだ。第三軍および第九師団による事前偵察が不十分であったことにより生じた錯誤であった。そこで佐治は高地の南西に位置する小座山が攀登（はんとう）しやすいことに着目し、まず小座山を奪取し、その後で後方から三四八高地を攻撃するよう、右翼隊長の平佐良蔵（ひらさりょうぞう）に意見具申し認可を受ける。

しかし、この佐治の意見具申は適切ではなかった。というのも、これにより第九師団は突出部である三四八高地を攻めるはずが、逆に高地と老座山との間に突き出てしまう形となり、

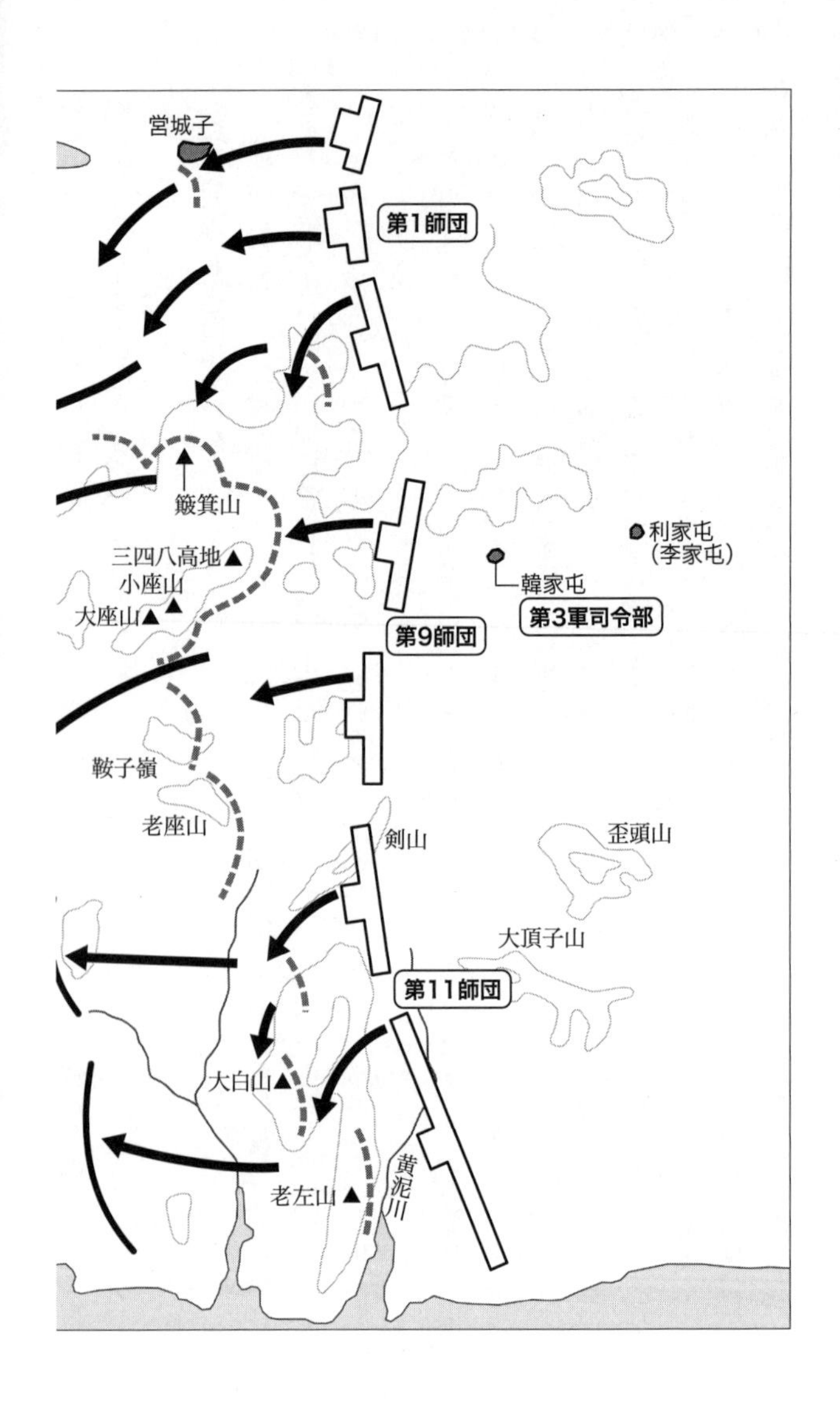

営城子
第1師団
簸箕山
三四八高地
小座山
大座山
第9師団
利家屯
(李家屯)
韓家屯
第3軍司令部
鞍子嶺
老座山
剣山
歪頭山
大頂子山
第11師団
大白山
老左山
黄泥川

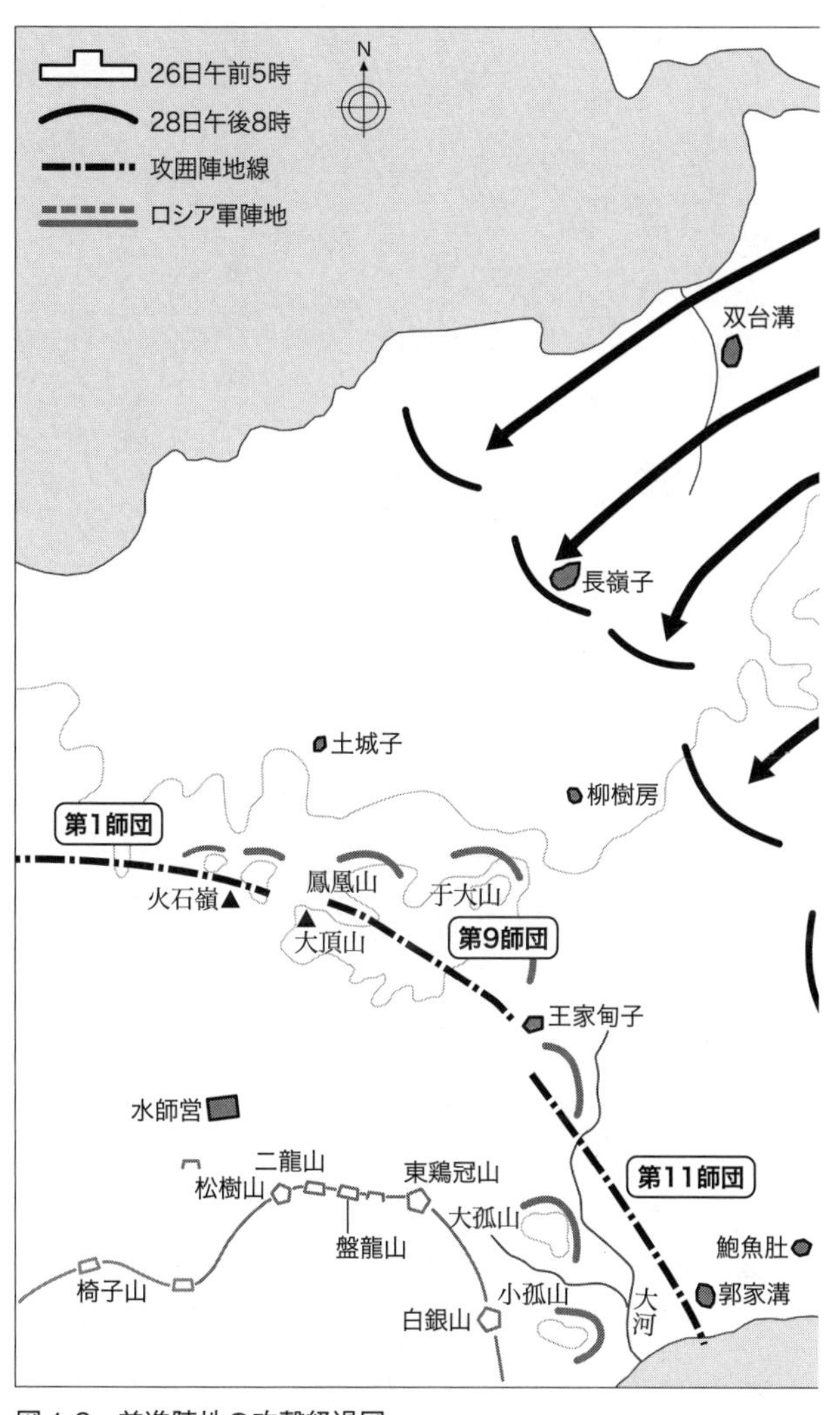

図 1-2　前進陣地の攻撃経過図

両地点からの砲撃と機関銃射撃により前進が阻止されてしまったからである。

翌二十七日、この日も三四八高地に対する第九師団の攻撃は、堅牢(けんろう)な敵陣地に阻まれ進捗(しんちょく)しなかった。乃木は、攻撃難航の原因を砲撃効果の不足にあると考え、歩兵を一旦後退させたうえで重砲十六門による砲撃を行ない、その後に突撃を実施する決断を下す。だが、この重砲を用いた作戦は戦局の打開策とはならずに終わった。

ここに至って、乃木は三四八高地が予想以上に堅固であり、これを占領することは至難であることを理解した。そこで、戦線右翼の双台溝方面が地形上多くの兵力を使用できること、および双台溝附近の敵陣地を奪取できれば鞍子嶺方面の敵の退却を促すことが可能となることを理由に、右翼の双台溝方面から突破を図るよう作戦を変更。午後三時、第一師団長の松村務本(まつむらかねもと)に、第九師団の状況にかかわらず双台溝方面の敵を攻撃せよとの命令を出した。

だが、第一師団は日没までにこの命令を実行できなかった。そのため、第三軍はこの日も前進陣地を突破できないまま夜を迎えることとなってしまう。この時、戦局を悲観した伊地知は、「此模様では旅順の攻城どころか、前進陣地の攻略も六箇敷(むずかし)からう」と述べたという(『佐藤回想』)。

しかし、偶発事件から始まった戦闘は思いもかけないことが転機となり、終末を迎えることになる。

この日の夜、戦線左翼に位置する第十一師団の内野辰次郎（第四十三連隊第二大隊長）が、「我大隊は今より全滅を期して突撃に移らんとす。貴官も共に攻勢に転ぜられんことを希望す。予は攻撃の実施者が、予の最も敬愛する聯隊長にして、旭日東天に朝する時は、即ち名誉ある聯隊旗が、赫灼として敵塁に翻へる時なるを祝す。予は茲に謹んで告別の敬意を表す」（桜井忠温『肉弾』）と通報して、五十五人の選抜兵を率い大白山のロシア軍陣地に夜襲をかけ、午後十時十分大白山北側鞍部を奪取。これをきっかけとして、第十一師団が大白山の大部分を占領することに成功したのである。

しかも、ロシア軍守備兵が夕食中であり虚をつく形となったため、内野隊にはほとんど被害がなかった（ただし、四手井綱正「日露戦史講授録　第一篇」によれば、日本軍の攻撃を撃退したことに満足したロシア軍指揮官が、夜間に軍楽隊に奏楽させて部隊に「ウラー」と喚声をあげさせたところ、事情を知らない他方面の部隊が疑心暗鬼となり、内野隊が偶然この機に乗じる形で夜襲を仕掛けてきたのみならず、内野隊に対する逆襲にも失敗したため、コンドラチェンコ少将は退勢挽回が不可能であることを悟り、翌午前三時十五分に退却命令を出したという）。

この夜襲成功がきっかけとなり、二十八日、ロシア軍は退却を始め、第三軍は簸箕山、鞍子嶺、老座山、大白山附近にわたる敵陣地を占領することができた。だが、予想外の苦戦に対する精神的衝撃と連続三日に及ぶ戦闘による疲労のためか、追撃速度は緩慢で、第九師団長の大島久直のもとに乃木が馬を飛ばし急追を促すほどであった。

こうして、前進陣地攻略戦は終了した。第三軍は約三百の負傷者を出せば半日か一日でとれると楽観視していた前進陣地の攻略に三日を費やし、連隊長の佐治（負傷）以下二千八百三十六人（全軍の約五パーセント）もの死傷者を出したのである。あまりの損害の多さに作戦参謀の津野田是重は肝を冷やした。

一方、この戦闘について記録した「第三軍戦闘詳報　第三号」は、戦闘部隊の大部分が連続三日にわたる戦闘の間、敵火の下で携帯口糧と生水や雨水のみで飢渇に耐え戦勝を得たことを「帝国軍の萃華（すいか）」であると評している。

乃木の作戦は適切だったか？

さて、第三軍は前進陣地の攻略にこそ成功したものの、攻撃前に鞍子嶺附近の三四八高地を攻撃重点として選びながらも、攻撃途中で作戦計画立案時に不適当と考えた双台溝に重点を変更しているため、当然、作戦の適否が問題となる。

しかも、当初双台溝を攻撃重点に選ばなかったのは、敵の退路を脅かしにくいという理由だったが、作戦変更の理由が双台溝附近の陣地を奪取すれば鞍子嶺方面の敵の退却を促すことが可能になるというものなので、重点の選定理由に矛盾も存在する。果たして乃木の作戦は適切であったのだろうか？

戦術的には、攻撃重点は状況や地形を判断し、敵の弱点もしくは敵の苦痛とする方向に選ぶべきであるとされている。ただし、陣地の要点の場合は、奪取できれば敵に致命的打撃を与えることになるため、状況によっては、防備の堅い陣地の要点に向けることも妥当とされている。乃木が三四八高地に攻撃重点を置いた理由もその点にあった。

だが、陣地の要点は敵が防備を固めているため、こちらの損害が大きくなりやすい。そのため、地形が比較的平坦(へいたん)で、多くの兵力を投入可能な双台溝方面から突破を図るべきだという批判が出てくるわけである。

井上幾太郎は、「日露戦役経歴談」において、この作戦を「大失敗」と評している。また、参謀本部の戦術研究である『戦史及戦術の研究第一巻』も、作戦途中で攻撃重点を双台溝方面に変更したことなどを理由に、作戦計画は不適当だったとしている。

やはり、乃木は攻撃すべき方向を間違えたのだ。敵に対し約二倍半の優勢な兵力を投入しながらも、部隊を運用しやすい双台溝を避けて、敵の守りの堅い三四八高地を攻撃すると共に、重点を作らずに三個師団並列で攻撃を仕掛けた乃木の作戦は、不適当であったと評するのが妥当なようである。

第二章　迷想

――第一回旅順総攻撃――

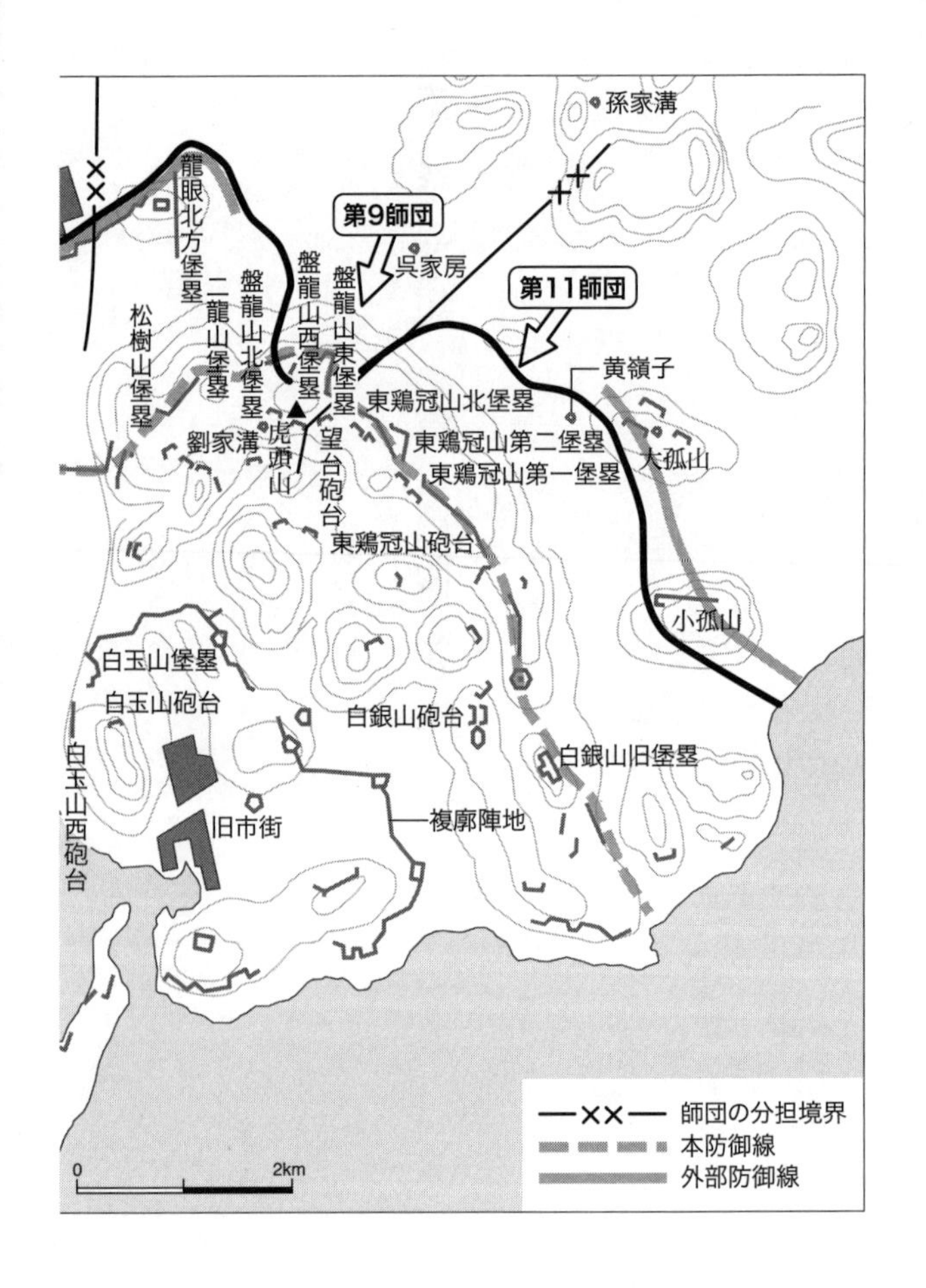
孫家溝
第9師団
呉家房
第11師団
龍眼北方堡塁
二龍山堡塁
盤龍山北堡塁
盤龍山西堡塁
盤龍山東堡塁
松樹山堡塁
劉家溝
虎頭山
望台砲台
東鶏冠山北堡塁
東鶏冠山第二堡塁
東鶏冠山第一堡塁
黄嶺子
大孤山
東鶏冠山砲台
小孤山
白玉山堡塁
白玉山砲台
白銀山砲台
白銀山旧堡塁
白玉山西砲台
旧市街
複廓陣地
師団の分担境界
本防御線
外部防御線
0
2km

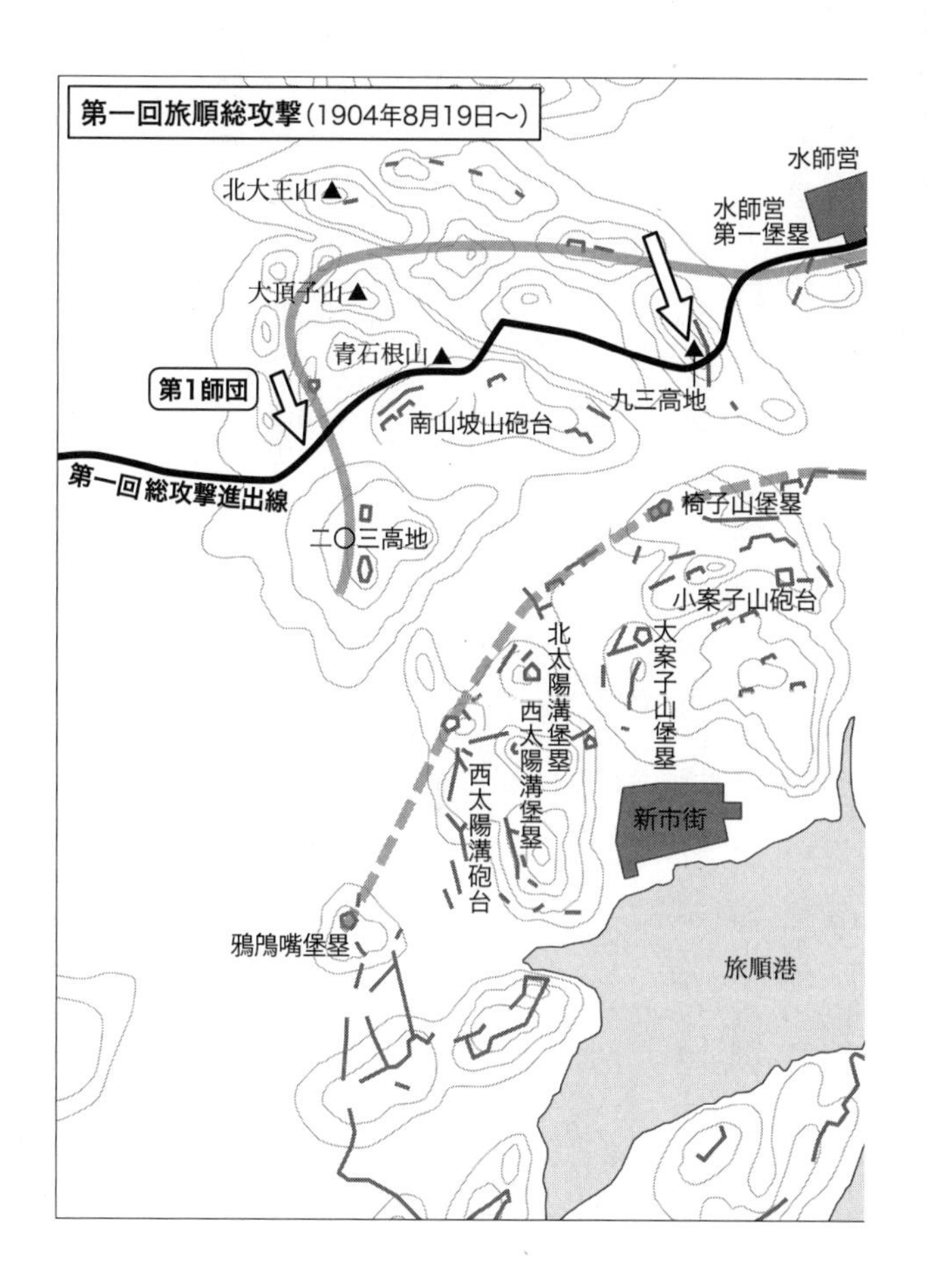

第一回旅順総攻撃（1904年8月19日～）
水師営
北大王山
水師営
第一堡塁
大頂子山
青石根山
第1師団
九三高地
南山坡山砲台
第一回 総攻撃進出線
椅子山堡塁
二〇三高地
小案子山砲台
北太陽溝堡塁
大案子山堡塁
西太陽溝堡塁
西太陽溝砲台
新市街
鴉鴻嘴堡塁
旅順港

一、攻撃準備

攻囲線の設定

七月二十八日、前進陣地を占領するや、軍司令部内では、翌二十九日から鳳凰山・于大山(うだいさん)の線を攻撃すべきか、あるいは一日休養して明後三十日から攻撃すべきかの議論が生じた。乃木は、各部隊が三日間連続して戦闘を行ない疲労していること、弾薬が欠乏していて補充が必要であることから、二十九日を休養・弾薬補充・偵察のために使う決定を下す。

三十日、第三軍は攻撃を再開し、双島湾(そうとうわん)東北岸から鳳凰山を経て郭家溝(かくかこう)附近にわたる線を占領し、旅順要塞の攻囲を完成させた。そして、外部との交通を遮断すると共に、敵の出撃に備えるため、敵から約三～六キロの位置に攻囲線（攻囲陣地）を設定した（66～67頁の図1‐2参照）。

この日の死傷者は千二百五十八人だった。鞍子嶺附近の戦いから五日間で、四千九十四人もの死傷者を出した計算となる。前進陣地を攻略するだけで、南山の戦闘における第二軍の死傷者数に匹敵する損害を出したのである。なお、この日の戦死者の中には、ロシア軍陣地の構造を調査する目的で三四八高地に赴き、ロシア兵と誤認され、友軍の誤射を受けて死亡した酒井甲子郎（野戦重砲兵連隊長）と大林角太郎（同連隊第三大隊長）も含まれている。変事の原因は、酒井が上衣が夏服、ズボンが冬物というロシア兵と類似した服装をしていたことにあった。

かくして、攻囲線が設定された。だが、ここに至るまで、六月六日の張家屯上陸からは二ヶ月弱、第二軍による南山攻略からは二ヶ月強（開戦から約六ヶ月）が経過している。

ロシア軍が、日本軍より与えられたこの時間を活用して、開戦当初未完成だった本防御線の堡塁・砲台を完成させ、旅順要塞の防備を固めることができたことを考えると、第三軍の編成の遅れや、前進陣地攻略開始の遅れは、第一回総攻撃の失敗に繋がる致命的な判断ミスといえた。

三段構えの方策により、陸軍の支援を得ることなく独力で旅順艦隊を無力化させることが可能であると判断し、その失敗が明らかになっても、体面的理由から七月十二日まで陸軍に対し旅順攻撃を要請しなかった海軍、そして、前進陣地攻略を遅らせる決断を下した乃木と伊地知幸介の責任は大きいといえる。

大孤山・小孤山の攻撃時期をめぐる判断ミス

さらに第三軍は、攻囲線占領時にも判断ミスをおかしている。それは、七月三十日の攻囲線確保と同時に大孤山・小孤山の攻撃を行なわなかったことだ。攻囲陣地の占領当時、攻城砲兵司令部が大・小孤山の攻略を主張していた。だが、軍司令部は、攻城砲兵陣地が未設置の時期に両山を奪取すると、占領部隊がロシア軍要塞本防御線からの集中砲火に曝され、陣地の維持が困難になるとして、許す限り総攻撃開始日の近くまで攻略を遅らせる決定を下す。

第三軍が実際に大・小孤山を攻撃したのは八月七日のことで、その際千二百十八人もの死傷者を出している。そのため、井上幾太郎は、「日露戦役経歴談」の中で、七月三十日の双島湾東北岸から郭家溝附近にわたる線に対する攻撃と同時に、大孤山に突撃を実施していたならば、容易に奪取できたのみならず、展望哨を設置し、旅順要塞の内部をじっくりと偵察する時間的余裕も得られたはずだとして、軍司令部の決定を批判している。

『公刊戦史』第五巻でロシア側の防備態勢を確認すると、大孤山・小孤山地区には七月下旬頃まで散兵壕しかなく、特に小孤山山頂は土質が堅硬であったため、防御力の弱い膝射散兵壕が掘開されている程度であった。それゆえ、井上の指摘通り、七月三十日に攻撃していれば、八月七日に攻めた場合よりも、少ない損害で容易に占領できた可能性が高い。軍司令部は、前進陣地の戦いに続いて、大孤山・小孤山に対する攻撃においても開始時期を遅らせることで、敵に陣地強化の時間を与えてしまうミスをおかしたのである。

攻城砲兵の展開

攻囲陣地を占領すると、攻城砲兵の展開が始まることとなった。約一万二千トンに及ぶ攻城材料を大連港から前線に運搬するには、鉄道の力が必要となる。そこで、ロシア式の広軌鉄道を日本式の狭軌に改築したうえで、攻城材料輸送用に一日五列車、約七百五十トンの輸送力が確保された。既述したように、七月十八日の満洲軍の児玉源太郎と第三軍との協定で、攻城砲兵の射撃開始日は攻囲線占領から二十日後とされたが、この協定も鉄道輸送力を基礎として計算されたものであった。なお、攻城材料の約八～九割は弾薬であるため、火砲よりも弾薬の運搬に多くの貨車が必要となったようだ。

攻城砲兵を展開するためには、卸下（しゃが）停車場の設置、攻城砲兵廠（しょう）の設置、軽便鉄道の敷設、砲台の築設、観測所の設置、および電話線の架設といった作業が必要となる。

まず、関係者の間で議論となったのが、大連から鉄道輸送される攻城材料を卸下する終末停車場をどこに選定するかという問題であった。軍事的には、敵要塞からの展望を避けることができ、かつできるだけ要塞に近い場所が望ましい。そのため、軍司令部は、なるべく速やかに旅順を攻略せよという任務と利便性とを理由に、戦線近くの周家屯（しゅうかとん）に終末停車場を設置することとした。

しかし、鉄道修理や鉄道業務などを行なう野戦鉄道提理部がこれに強く反対し、より後方の長嶺子への設置を主張したことで、論争が発生する。理由は、周家屯が敵弾の射程範囲内に位置することにあった。野戦鉄道提理部は少数の将校を除き、大部分が逓信省鉄道作業局の文官で編成されていて、編成時に敵弾が届く危険な場所では作業させないと文官に約束していたのだ。

結局、この論争は、伊地知が仲裁したことで、長嶺子に終末停車場を置き、そこから先は、人力と軽便鉄道などにより輸送を行なうことで解決を見ている。

卸下停車場で降ろされる火砲、弾薬などの大部分は各砲兵陣地に直接運搬されるが、予備の砲台築設材料や兵器などは、各砲台との交通上便利な地点に集積しておく必要がある。この目的のために設置されたのが攻城砲兵廠である。ここでは兵器の修理も行なわれたため、あたかも砲兵工廠（兵器や弾薬を製造・修理する機関）の出張所のような観を呈した。

卸下停車場で降ろされた弾薬は順次、攻城砲兵廠、弾薬中間廠を経て各砲台まで運搬される。長嶺子から各砲台までの約四十キロの間に軽便鉄道が敷設されたが、それで搬送できる品目・数量は限られていたため、大部分は人力や馬力で運送された。十二サンチ〔センチ〕榴弾(りゅうだん)砲弾は一箱二発入りで重量約四十七・五キログラム、一馬曳(ばえい)二輪輜重車(しちょうしゃ)だと一台に五箱、軽便鉄道だと一輛(りょう)に十二箱搭載して運ばれた。輸送には重砲兵の他に後備歩兵や補助輸卒（補助輸卒隊に所属して輸送任務や雑役を行なった輜重(しちょう)輸卒）などが携わり、輜重車だけで千

写真 2-1　軽便鉄道の敷設工事（柳樹房附近）

出典：大本営写真班撮影『日露戦役写真帖』第七巻（小川一真出版部、1905 年）

写真 2-2　軽便鉄道による運搬の様子（東龍頭附近）

出典：大本営写真班撮影『日露戦役写真帖』第八巻（小川一真出版部、1905 年）

百五十八輌が使用されている。

これらの作業と並行して行なわれたのが砲台、観測所および電話網の設置である。火砲を設置するには、地面に厚板を敷き詰め砲床を作ったり、大砲と兵士を保護する胸墻（きょうしょう）や掩蔽部（えんぺいぶ）を築いたりするなどして、砲台を築設しなければならない。さらに、砲弾の効力を確認するための観測所を設置したり、砲台と観測所、観測所と砲兵連隊・大隊本部、砲兵連隊・大隊本部と攻城砲兵司令部などの間に電話線を架設したりする必要もあった。旅順攻囲戦末期には、攻城砲兵司令部の電話網の総延長は約百十八・三キロメートルに達している。

このように、攻城砲兵の展開とは、鉄道輸送力を基礎として各日における攻城材料の到着を予定し、各種作業の着手日とそれに要する人馬材料とを計算して展開計画を策定し、この計画に基づいて各作業の実施を命令・監督する、複雑かつ組織的な大事業だったのだ。

そのため、攻城砲兵司令部は、攻城諸部隊を通常より約一ヶ月早めに動員して、内地出発前に演習を行ない、火砲運搬に必要な各種データを得たうえで、攻城砲兵展開計画を立案した。

なお、緻密（ちみつ）な計算を要する計画を作成した攻城砲兵司令部は、要塞砲兵の将校中の最優秀者で編成されており、部員四人（高級部員を含む）の中から吉田豊彦（よしだとよひこ）および奈良武次（ならたけじ）の二人が、後に陸軍大将まで昇進している。

大孤山・小孤山の戦い

八月三日から開始された砲台の築設作業が進展すると共に、大連・長嶺子間の鉄道修理が完了して長嶺子までの鉄道輸送が八日から開始される見通しがたつと、大孤山（標高一八二メートル）・小孤山（標高一三三メートル）を占領する必要が出てきた。というのも、野砲が設置された大・小孤山山頂からは、終末停車場のある長嶺子以南の攻囲線内部や于大山方面の砲兵陣地を瞰制（かんせい）することができたため、攻城材料の運搬作業や攻城砲台築設作業が妨害を受ける可能性があったからである。

そこで、六日になって、八日朝までに大孤山を占領し、必要があれば小孤山も占領せよとの命令が第十一師団に出された。また、攻略に重砲が必要と判断されたため、野戦重砲兵隊三個中隊（十二サンチ榴弾砲十二門）と臼砲（きゅうほう）隊二個中隊（九サンチ臼砲十二門）が公平忠吉（きみひらちゅうきち）（徒歩砲兵第二連隊長）の指揮下で戦闘に参加することとなった。

七日午後四時三十分、第十一師団の砲兵隊が砲撃を開始し敵砲を沈黙させると、午後六時三十分頃から歩兵部隊が攻撃前進を開始した。しかし、豪雨により大孤山東麓（とうろく）を流れる大河の水かさが増すと共に大孤山の斜面が滑りやすくなっていたため、前進は困難を極めた。それでも、第二十二旅団の第十二連隊が夜襲により大孤山中腹にある散兵壕の一部の占領に成功する。

だが、ここで騒動が起こる。同連隊がこれを山岳全部の占領だと誤認し第十一師団司令部に報告、師団司令部もこれを信じ大孤山占領の報告を軍司令部に行なったのである。「井上日記」によると、八日午前六時、前日の報告が誤報であることを知った乃木は、興奮して、自ら第十一師団長の土屋光春に攻撃を督促しようと、師団司令部に馬を飛ばした。乃木と面会した土屋は平身低頭の様子で誤った報告を提出したことを詫びたという。

戦闘の間、第十一師団司令部にいた佐藤鋼次郎の回想録によれば、誤報の責任は旅団長の神尾光臣にあった。普段非常に温厚な土屋も、この時ばかりは怒気を露わにして神尾のもとへ馬で駆けて行ったという。また、神尾は学才には富んでいるが戦にはあまり強くないという評判が存在し、前進陣地の攻撃に際しても、第二十二旅団の行動は不活発であった。そのため、土屋は神尾のことを不快に感じていたという。先に伊地知が第十一師団の戦闘ぶりを批判していたことを述べたが、それには正当な理由があったのだ。

さて、軍司令官の督促にもかかわらず、八日の攻撃も進展しなかった。しかも午前十一時二十分、ロシア旅順艦隊の一部が旅順港から出撃し、大孤山・小孤山の日本軍に艦砲射撃を浴びせ第十二連隊を一時退却に追い込んだ。

そのため、戦況の前途を悲観した伊地知が、夜食時に大孤山攻撃中止の意見を提出し、乃木がこれを採用しようとした。だが、ちょうどその時、午後九時に同山を占領したという報告が入った。続いて九日午前四時には小孤山も陥落し、かくして大孤山・小孤山をめぐる戦いは、千二百十八人の死傷者を出しつつも、第三軍の勝利に終わったのである。

一六四高地、于大山、北大王山の占領

軍司令部は、主攻方面（東北正面）を秘匿するために、総攻撃に先だって右翼の第一師団に旅順の西北方面を攻撃させ、敵の注意を牽（ひ）き付けることを計画していた。しかし、その時期が早過ぎると、第一師団を必要以上に長く砲火に曝露（ばくろ）させ、無駄な犠牲を生じさせてしまう。そのため、軍は時機の到来を待つこととした。

そうしたところ、大孤山・小孤山の占領に成功し、攻城砲兵の展開も進捗（しんちょく）したことから、八月十一日、于大山から一六四高地（高崎山（たかさきやま）。ここを占領した第十五連隊の所在地である高崎にちなみ乃木が命名）、大頂子山を経て小東溝南側高地にわたる線を確保せよとの攻撃命令が、第一師団に下された。師団長の松村務本は、これを砲撃を行なわず不意の夜襲により奪取しようと計画、右翼隊に北大王山（きただいおうざん）および大頂子山の、中央隊に廟嶺山（びょうれいさん）南方の一六四高地および于大山の占領を命じた。

ところが、十三日夜から始まったこの戦闘でも錯誤が発生する。中央隊左翼が目標である

于大山の占領に成功したものの、右翼の第十五連隊が目標を誤り、一六四高地ではなく約二百メートル手前の廟嶺山（標高一五四メートル）に突撃してしまったのである。午後十一時三十分にこの山を占領し万歳を叫んだ直後、前方を確認して間違いに気づいた同連隊は、すぐに一六四高地を攻撃。鉄条網を破壊し敵陣地の至近距離まで迫ったものの突入に失敗して、連隊長の千田貞幹（せんださだみき）が負傷してしまう。また、右翼隊も鉄条網に妨げられ、北大王山の奪取に失敗して天明を迎えた。

　錯誤の原因は、第一師団司令部が昼間、一三二高地（望島山）から約二キロ先の目標を第十五連隊に指示する際に、直線上に並ぶ標高差の少ない廟嶺山と一六四高地とを一つの山と誤認してしまったことと、地形を十分に偵察・研究することなく夜襲を決行したことにあった。

　十三日夜に続き、十四日になっても第一師団の前進は思うように進まなかった。そのため、十五日に第一師団司令部を訪れた乃木は、もし攻撃が困難であるならば中止しても構わないと発言する。だが、第一師団は攻撃を続行し、砲兵隊による支援射撃の効果もあり、一六四高地と北大王山を占領することに成功した。

　第一師団参謀の和田亀治（わだかめじ）が書いた「日露戦役に於ける経歴談」によると、報告を受けた乃木は、両高地の占領はロシア軍に対する圧力になると考えて非常に喜んだという。ただし、占領予定であった大頂子山に対する攻撃は、十三日以来の経過に鑑み、第一師団に独力で攻撃させても得失相償わない結果になると考えられたため、中止されている。

三日に及ぶ戦闘の結果、第一師団は大頂子山への進出には失敗したものの、牽制任務を達成し、旅順要塞の左翼（西方）に楔を打ち込むことに成功したのである。

早期攻略を望む大本営の圧力

さて、この間も、速やかな旅順攻略を焦慮する大本営は、第三軍に圧力をかけ続けた。八月四日午前九時、満洲軍参謀の井口省吾と大本営参謀の鋳方徳蔵が、大本営の意を受けて軍司令部を訪問し、乃木・伊地知と会見。旅順攻撃の時日を短縮すべきであるという参謀総長の希望を伝達した。これは、連合艦隊司令長官の要望に基づき、海軍軍令部長から参謀総長へなされた攻撃促進要請に端を発するものであった。

これに対する乃木と伊地知の回答は、計画した攻略期日はあらゆる手段を尽くした最小限のものなので、短縮の余地はない。また、第三軍は連合艦隊司令長官と絶えず連絡を取り合い艦隊の事情を詳知しているが、司令長官は攻略期日について少しも異存をはさまなかったし、大本営や海軍軍令部が憂慮する「切迫の事情」（バルチック艦隊来航に伴なう制海権問題の切迫化）についても、何も聞いていない。そのため大本営の所見は「悲観的杞憂」に過ぎないのではないか、というものであった（「極秘海戦史」）。

つまり、旅順攻略の急速実行を望む連合艦隊司令長官の意思が十分疎通していなかったため、第三軍は大本営が考えるほど事情は切迫していないと認識していたのである。

午前の会見が物別れに終わったため、この日の夜、乃木・伊地知・井口の三者会談が行なわれた。この会見でも伊地知は、攻城計画の順序を省略し「急進突撃」策で旅順を落とそうとすれば必ず失敗に終わることになると述べ、井口の説得に頑として応じなかった。そのため、二人の話し合いは激論となり、遂には「腕力沙汰」に及びかねない勢いにまで発展したという（『長岡書簡』・『長岡回顧』）。

だが、話し合いの結果、計画の範囲内で時日を短縮し、計画よりも二、三日前倒しして八月十八、十九日から砲撃を開始し、攻略に着手することで妥協が成立した。

攻撃方法をめぐる対立

この日の会見では、攻撃期日とは別に、攻撃方法についても両者の意見が分かれた。伊地知が強襲法を主張したのに対し、井口は「夜間又は濃霧に乗ずる奇襲」を主張したのである（『長岡書簡』）。

当時の要塞攻撃方法は、大別すると、不規攻法と正攻法（攻撃発起位置から対壕・坑道を使用して敵堡塁に接近し、砲撃と工兵の爆破後に突撃する攻撃方法）とに分かれ、さらに不規攻法は、①奇襲（敵に発覚されることなく要塞に逼迫し、守備薄弱な地点から不意に要塞内に侵入して、これを奪取する方法）、②強襲、③長囲（要塞を包囲して外部との交通を遮断し、弾薬・糧食欠乏のために開城をやむなくさせる方法）、④砲撃（猛烈な砲撃によって至大の損害を与えて、敵の士気を阻喪させることにより開城に追い込む方法）とに分かれる。伊地知の主張した強襲法とは、複数の攻撃縦隊を編成し、砲兵の猛烈な砲撃により敵砲を沈黙させた後、あるいは敵堡塁・砲台を徹底的に破壊制圧した後に突撃を実施する攻撃方法で、激烈な砲撃を行なうことが前提となる。

　強襲法には砲撃により敵陣地を破壊できるメリットがある反面、砲兵の展開に時間を要したり、長期間の砲撃により主攻方面が敵に察知されやすいといったデメリットがある。早期攻略を希望する井口は、砲兵の展開に時間がかかるというデメリットを回避するために奇襲を主張したのである。実際、奇襲以外の方法では、大本営や海軍軍令部の希望どおり「八月十日」までに旅順を攻略することは「不可能」であった。その意味で、攻撃方法に関する意見対立は、攻撃期日の短縮要請と密接に関連する性格のものといえた。だが、井口を介した大本営の圧力に対し、乃木と伊地知は、堅固な要塞を「重砲砲撃によらず奇襲をもって攻撃することは、重大な責任を有する軍司令官の立場として実行できない」として、奇襲策の採

用を拒絶した（現代語訳。「極秘海戦史」八月五日附長岡外史宛鋳方徳蔵電報）。

井口には、七月に大本営の会議に列した直後、旅順要塞の攻略時期を短縮するためには「多くの犠牲」を生じ、「正攻準備の一部を画餅」に帰するようなことになっても構わない旨の電報を、児玉に打電した過去があった（「陸軍との交渉及協同作戦」）。井口そして大本営の要塞攻撃に対する認識は、強襲法実施に際し必須の手順である重砲による砲撃を不要としたり、奇襲により旅順を陥落させることが可能と考えたりするほど低いものであったのだ。

連合艦隊司令部による協力

大本営と第三軍との関係と異なり、連合艦隊と第三軍との関係は、連合艦隊が協力を惜しまなかったため、良好に推移した。そこでその協力策を確認してみたい。

第一に、旅順攻囲戦が陸海軍協同作戦の性格を有することを熟知する連合艦隊司令長官の東郷平八郎は、七月六日、第三艦隊参謀の岩村団次郎・伊集院俊に、海軍関係の事項について第三軍の「顧問」となり、陸海軍間の連絡・交渉を担当する任務を与えて、軍司令部に派遣した。岩村が乃木と伊地知を「突付く」（『谷戦史』）こともあったようだが、岩村・伊集院と第三軍との関係は、旅順攻囲戦の全期を通じ極めて良好であった。第三軍が岩村を信頼し、参謀本部に報告するよりも早く岩村に軍の機密を伝えることが往々にしてあったり、岩村が九月十一日に一等巡洋艦「春日」副長に転職となった際には、伊地知が岩村の赴任を旅順陥落まで延期するよう連合艦隊に依頼し、その結果、岩村に第一艦隊参謀を兼務させて現任務を継続させる取り計らいがなされたりしている。

第二に、東郷は乃木の提議があったこともあり、十二斤速射砲十門、十二拇速射砲六門をもって、黒井悌次郎を指揮官とする陸戦重砲隊を編成して第三軍の隷下に入れ、作戦に協力させた。攻囲線の確保が完了するや、永野修身率いる陸戦重砲隊第三中隊（十二拇速射砲二門）は、南山―旅順本街道上左側の夾子山南麓窪地に陣地を置き、八月七日から旅順市街および港内に威嚇砲撃を開始、太平洋艦隊旗艦の戦艦「ツェサレーヴィチ」、「レトヴィザン」、「ペレスヴェート」などに命中弾を与えると共に、艦隊を指揮するヴィリゲリム・ヴィトゲフト少将を負傷させてウラジヴォストークへの脱出を決断させ、十日に黄海海戦が起こる動機を作った。その黄海海戦直後の十九日、旅順艦隊は水兵や砲の相当部分を揚陸して地上戦線に転用することを決議し、事実上艦隊としての活動を停止しているので、陸戦重砲隊の功績は大きいといえる。

しかも、威嚇砲撃は、先述した第一師団による牽制攻撃の効果と相俟って、ロマン・コンドラチェンコ少将（全陸正面指揮官）をして日本軍が水師営方面を強襲すると誤断せしめ、第一回総攻撃の際に少将が西北方面に予備隊を投入させる動機も作り、作戦目的通り十分な牽制効果を発揮した。

陸戦重砲隊は、最終的に十五拇速射砲七門、十二拇速射砲十二門、十二斤速射砲二十五門を供給され、陸軍と違い砲弾が潤沢だったこともあり、八月七日から旅順開城までの砲戦日数百二十七日の間に総計五万二千五百六十三発（一日平均約四百十四発）の砲弾を発射して、第三軍の作戦を支援している（表2－1参照）。軍参謀副長の大庭二郎も、「難攻の旅順港」において、同隊の砲撃が旅順陥落に多大の貢献を果たしたと、その活躍を高く評価した。

投降勧告と戦時国際法の尊重

八月十六日、第三軍参謀の山岡熊治が、投降勧告および明治天皇の内意に基づく非戦闘員の退去勧告を携えて水師営北方のロシア軍前哨線を訪れ、関東軍参謀長のヴィクトル・レイス大佐にこれらを手交した。翌日、ロシア側は投降勧告、退去勧告の双方を拒絶している。

「降伏勧告」（投降勧告）は、駐英武官である宇都宮太郎（うつのみやたろう）の発案に基づくもので、これに賛同した参謀総長の山県有朋による天皇への上奏の後、「山県→大山→乃木という経路で実行された」とする説がある。だが、これは非戦闘員の退去勧告と投降勧告を混同した誤りで、『明治天皇紀』第十によると、この経路で出されたのは、非戦闘員の退去勧告である。なお、宇都宮が退去勧告の送付を提案した意図は、日本の人道性を世界にアピールすることで列国

表2-1　攻囲戦全期間における海軍陸戦重砲隊兵器と消費弾薬数

	全供給数	開城時砲数	発射弾数	1門の最大発射弾数
15拇速射砲	7	4	4,921	1,076
12拇速射砲	12	8	17,084	3,139
12斤速射砲	25	19	30,558	2,320
合計	44	31	52,563	―

※8月7日～1月1日まで、1日平均414発。

出典：海軍軍令部編「極秘明治三十七八年海戦史」（JACAR〈アジア歴史資料センター、以降略〉Ref.C05110064100、防衛研究所戦史研究センター所蔵）

の好感を集めることにあった。

投降勧告は、古くからの慣例とロシア軍の意気が阻喪している状況を顧慮し、総攻撃開始前に敵将に勧降書を送るのを有利と考えた乃木が東郷平八郎と協議し、連名で出したものである。

井上幾太郎によれば、投降勧告書送付は、第三軍が攻囲線を占領した頃から幕僚の間で生じた議論であった。勧降書送付は敵を蔑視（べっし）した処置であると考える井上は、常にこの議論に反対しており、その経緯を日記に「攻囲線を占領した当時より、要塞攻撃の慣例に基づき、勧降書をロシア軍に送ろうとする外交形式好みの愚論が幕僚の中で発生したが、私はこのことに常に反対した」と苦々しげに書いている。

勧降が拒絶されたことを知った井上は、ロシア軍の反応を当然と思ったが、十中八九降伏するであろうと予想していた伊地知以下の幕僚はこれに失望した。その様子を彼は「笑止の至りなり」と日記に記している。

第三軍には攻撃前に敵降伏の場合の処置を考える悪癖があっ

た。第二回総攻撃に際しても、伊地知は幕僚に開城規約の起案を命じており、井上はこの処置を「これは第三軍の最初の頃からの悪い癖である。要塞攻撃の方法に万全の策を講じることなく、常に敵が降伏した場合の対処法のみを考え、取らぬ狸の皮算用をすることが多かった」と批判的に書いている（以上、現代語訳。「井上日記」）。

勧降書送付に井上の指摘するような問題点があったことは確かである。だが、日露戦争には欧米列強の注目が集まっており、列強各国が観戦武官や通信員を戦場に派遣していた。そのため、勧降書において「文明戦争の規則」と記したことに象徴されるように、乃木が攻囲戦の全期を通じて、国際社会の輿論に配慮し、戦時国際法を尊重する方針を採っていたことを考慮する必要がある（「旅順日誌」）。

実際、乃木は遼東半島上陸後、清国人に対し日本軍は不法行為を行なわないことを告示し、兵士の中から民家に乱入し民間人を負傷させたり、金品を略奪したりした者が出た際には、部隊長に訓示して犯人の迅速な検挙を実施し、民間人に対する横暴行為を絶滅させるよう要望している。また、『斜陽と鉄血』によると、攻囲戦の最中に、油谷堅蔵海軍大尉が敵を燻して守地を離れさせる目的で、堡塁に石油を注ぎ焼夷する案を具申した時には、ジュネーヴ条約に抵触するものではないのにもかかわらず、乃木はこの提案を却下している。

確かに乃木や伊地知は、勧告することで、意気阻喪の兆候が見られたロシア軍が降伏することを期待していた。だが、勧降書の送付は、列強が注視する中で、文明国の軍隊として恥ずかしくない戦争をしようとした乃木の考えの反映であったことも、また確かなのである。

二、攻撃計画

強襲法が採用された理由

降伏勧告が拒絶されたことにより八月十九日から開始された第一回総攻撃は、防備が最も堅固な東北正面を強襲法で攻撃し、一万五千八百六十人もの死傷者を出して失敗したことで、多くの研究者からの批判に曝されている。そのため、なぜ第三軍は東北正面を強襲法で攻撃したのであろうか？　そして、この決断は本当に不適切だったのか？　という疑問が、当然浮かぶ。そこで、本節ではこの疑問について検討してみたい。

まず、強襲法を採用した理由から見てみよう。要塞攻略のための作戦計画の立案に際しては、任務と敵情に基づいて自軍の作戦方針（特に攻撃方法と主攻撃正面）を決定する。そこで、軍の任務と、軍司令部が認識していた敵情を確認しておこう。

五月二十九日に附与された任務は、「可成(なるべく)速(すみやか)に旅順を攻略する」というものであった。旅順攻略には最初から時間的制約が課されていたのだ。そして、第三軍は時間の経過と共に、迅速な旅順攻略を陸軍首脳部および海軍によって急かされることとなった。既述したように、六月十日、首相と陸軍首脳が、旅順陥落後に第三軍を最重要視されていた遼陽会戦へ投入することを決議したり、大本営が海軍軍令部長の要請に基づき、無理押しをしてでも八月初旬までに一日も早く旅順を攻略することを要望したりしたのである。そして、強襲法が採用された理由も、この任務に起因するものであった。この点に関し井上幾太郎は、「大本営の訓示には、強襲と明言してはありませんけれども、速に攻略せよといふことで、強襲で取らなければならぬやうに余儀なくされて居った」と述べている（「井上回想」）。

かくして、七月二十九日頃に決定された攻撃計画において、「刻下の情勢と軍の任務上、多少にても時日を要すべき他の攻撃法は一切之を避けざるべからず」として強襲法が採用されることとなった。この攻撃計画には「要塞其の物の強弱如何を顧みるの遑あらず」とか、一刻も速やかに要塞攻略の目的を達成するためには「正面の堅牢なるに対し、それ丈多大の損害を払ふ」ことは覚悟せざるを得ないとの文言が存在し、大本営による第三軍に対する圧力の強さを窺うことができる（「四手井講授」・「井上日記」）。

次に、敵情である。大本営は旅順のロシア軍兵力を実際よりもかなり低く見積もっていた。七月以前は兵力一万未満、七月の段階で兵力一万五千、砲二百門程度と、実際の約三分の一に見積もっており（実際は、約四万二千五百人、砲六百四十六門）、この低く算出した敵兵力を基礎として、三個師団と後備歩兵二個旅団基幹（編成当初は二個師団基幹）、砲三百八十門（うち重砲百九十四門）という第三軍の兵力が決定された。当時の戦術学では、要塞攻撃に際しては、敵に対し約一・五倍の火砲、本防御線一メートル当たり六人の兵力を投入するのが標準とされていたが、大本営は火砲数で約一・九倍、兵力数で約三・四倍（本防御線一メートル当たり六・三人）という標準以上の兵力を旅順戦に投入していた。

　そのため、『機密日露戦史』が指摘するように、大本営や第三軍は、この優勢な兵力で強襲すれば、一万の死傷者を出すだけで旅順を陥落させられると信じていたのである。

　ちなみに、後述するように、第一回総攻撃において、日本軍は進出目標の望台を一旦占領したが、ロシア軍の恢復攻撃に遭い、増援兵力の不足が原因でこれを喪失している。第一回総攻撃から約二ヶ月以上後の十一月十一日に、第七師団が第三軍の隷下に入っているが、もし第一回総攻撃の段階で投入されていたならば、望台を完全占領できた可能性が極めて高かったものと思われる。

　昭和期の陸軍大学校教官である村上啓作は「尚一師団を増加しありたりとせば成功したるべし」（「日露戦史講述摘要」）と分析しているが、大本営の敵兵力見積もりの甘さが、当初から第七師団を加えた四個師団編成とせずに三個師団編成とする決定につながり、ひいては兵力不足のため第一回総攻撃が失敗する原因の一つとなったのだ。開戦前の参謀本部の敵情分析の甘さは批判されてしかるべきであろう。

　任務、敵兵力の見積もりの他に、強襲法採用に影響を与えたのが、戦術思想である。当時の日本陸軍では、バイエルン王国の軍人カール・フォン・ザウエル（Karl von Sauer）が説いた急攻撃法（強襲法）が流行していた。これは、猛烈な砲撃を実施した後に、歩兵の大突撃を行なえば一挙に要塞を攻略できるため、今後は正攻法は不要になるという説だ。

「日本工兵の父」上原勇作（うえはらゆうさく）は、急攻撃法の影響を受けた日露開戦前当時の戦術に関して、「当時の独逸（ドイツ）戦術は野戦万能主義でありまして、要塞の如きも、大口径火砲に拠（よ）らんでも、野砲並（ならびに）十二珊（サンチ）砲を多数に併［ママ］べて、其の援助の許（もと）に、歩工兵の強襲で落すことが出来るとの議論が勝を制して居り〔中略〕、併（しか）しながら、〔中略〕我には独逸だけの火砲数と砲弾の準備並補給能力を持たなかったのであります」と述べている（「日露戦役の感想」）。

　上原の証言からもわかるように、強襲法は当時の戦術界の常識であると共に、陸軍の火砲数と砲弾製造能力という国力不足や兵器行政（兵器の研究開発、製造、補給など兵器に関する行政）の欠点が、攻撃方法選択の自由を制約する要因となっていた。

「業務詳報」によると、開戦当初、参謀本部次長であった児玉源太郎が、中小口径火砲の砲撃に続いて強襲で攻めれば旅順要塞を陥落できると発言している。また、既述したように、満洲軍の井口省吾も多大な犠牲が出ても構わないので正攻準備の一部を省略すべきだと述べているが、彼らの認識は当時の戦術常識に基づくものであったのだ。つまり、敵に優る兵力と火砲を投入し強襲すれば旅順要塞を攻略できるという考えは、軍司令部のみではなく、陸軍全体に共通する認識であったのである。

東北正面を主攻撃正面に選んだ理由

次に、主攻撃（主攻）が東北正面に向けられた理由について検討してみよう。

旅順要塞攻撃の主攻を東北正面、西北正面のどちらに向けるべきかについては、開戦前から研究が行なわれていた。参謀本部第五部（国内要塞担当）部員だった佐藤鋼次郎は、明治三十五年夏、第一部部員の田中義一から「旅順を攻撃するとしたなら、どうしても西北正面を攻撃方面として」攻撃した方が良いからと、図上研究を命じられている。その頃は、日清戦争当時に測量した旅順地図しかなかったため、西北方面から小起伏地を利用して臼砲を躍進させながら攻撃するのが有利と考えられたのだ（『佐藤回想』）。

明治三十七年一月、第五部の旅順要塞攻撃計画研究を基礎としたものが、第一部案として参謀本部の部長会議に提出された。その攻撃案では、主攻方面は案子山および椅子山砲台附近とされていた。つまり、開戦前の参謀本部第一部による攻撃計画案では、東北正面ではなく西北正面からの攻撃が想定されていたのである。

だが、第三軍の見解は違った。「井上回想」によると、動員終了後、作戦研究が実施されたが、大部分の幕僚の意見は東北正面主攻説であったというのだ。しかし、この時は、現地の状況が不明な内地で決定するのは時期尚早ということで、主攻正面の決定は出征後の七月八日頃まで持ち越されることとなった。

第三軍が現地で研究を行なってみると、東北正面主攻説には、要塞中この方面の防備が最も堅固という欠点があるものの、①鉄道を利用して砲兵が迅速に展開できる、②要塞の核である望台を奪取し、本防御線を中断して要塞内部に迫り、要塞の死命を一挙に制することが可能である、③盤龍山―東鶏冠山間の地区が突角部を形成しているため、攻城砲の火力を集中しやすいといった利点があった。一方、西北正面主攻説には、東北正面よりも防備が堅固でないと思われるという利点があるものの、①展開までに敵前で開闊(かいかつ)した平地を長距離移動しなければならない、②二〇三高地の後方に主防御線が存在するため旅順攻略までに時間を要する、③敵が逆襲してきた場合に戦線を分断され後方連絡線を断たれる恐れがある、などの欠点があった。

両案ともに一長一短があり利害が半ばしている。そのため、議論してもなかなか結論を出すことができなかった幕僚は、軍司令官の採決を仰ぐこととした。決断を任された乃木には、日清戦争で第一旅団を指揮し旅順攻略戦に参加した経験があった。そこで彼はこの時の知見

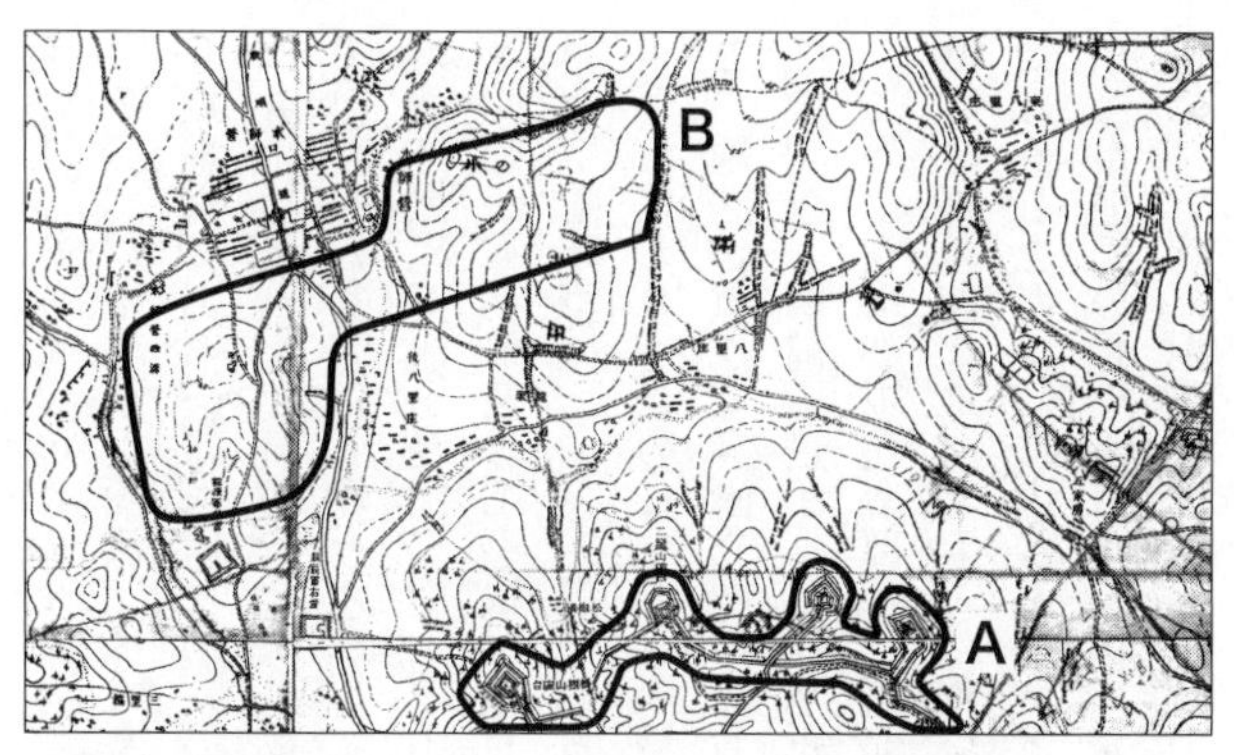

図2-1　第三軍参謀が作戦立案に使用した地図（水師営南方堡塁・龍眼北方堡塁周辺）

※Aの本防御線は描かれているが、Bの枠内附近に実際に存在した龍眼北方堡塁や水師営南方堡塁が描かれていないことに注意。

出典:「大庭二郎大将　旅順口近傍図（陸地測量部、明治28年5月製版）」（防衛研究所戦史研究センター所蔵）

に基づき、主攻方面を東北正面に選定する決断を下す。日清戦争では日本軍は西北方面から攻撃して攻略に成功している。そのため、乃木はロシア軍が西北方面から攻撃を受けると予想していると推測し、「敵の裏をかいて不意を衝こう」としたのだ（現代語訳。「難攻の旅順港」・『奈良回顧』）。

　また、第三軍作戦主任参謀の白井二郎は、西北正面を主攻とした場合、二〇三高地の後背に所在する主防御線突破に時間がかかっている間に、ロシア軍が出撃して戦線を分断される可能性があり、それを乃木が危惧したと回想録の中で述べている。

　つまり、乃木とその幕僚は西北正面の戦術的価値を軽視していたわけではなく、両攻撃案を比較考量した結果、主攻を東北正面にする結論に至ったのである。

そして、主攻撃正面決定に大きな影響を与えたのが、参謀本部が旅順要塞攻略研究用に渡した地図である（図2-1参照）。

井上幾太郎によれば、この地図は、本防御線（右から白銀山旧砲台から東北正面を経て、椅子山、西太陽溝堡塁と繋がるライン）の記載はおおよそ正確であったが、龍眼（りゅうがん）北方堡塁、水師営南方堡塁、龍王廟山（りゅうおうびょうさん）、南山坡山、二〇三高地といった「前進陣地」が記載されていなかった。しかも、要塞の工事状況についても誤記があった。東北正面の二龍山堡塁と東鶏冠山堡塁が「臨時築城」（永久築城である二龍山堡塁などと違い、戦闘前に短時間で構築される陣地）と書かれており、このことが「攻撃正面を東北正面に選んだ理由の一つ」になったというのだ。この地図が、攻城計画立案に際しての「唯一の材料」であったというから、開戦前の参謀本部の調査・準備不足が、主攻撃正面決定に大きな悪影響を及ぼしたといえる（「井上回想」）。

このように、軍司令部は、東北正面の要塞線を永久築城ではなく攻略容易な臨時築城と記載する不正確な地図をもとに攻城計画を策案していたのであり、東北正面に主攻を向けたのにはやむを得ない理由があったと評価できよう。さらにいえば、この判断は、攻撃立案に使用した地図の観点からすれば、妥当な判断だったのである。旅順攻略で第三軍が苦戦した背景には、陸軍中央部による平時の旅順要塞に対する調査不足が存在したのだ。

もし、西北正面主攻説を採用していたら?

第三軍が主攻正面を東北正面に選択したことに関しては、参謀本部次長の長岡外史がその回顧録で、西北正面は要塞の弱点であり、この方面から奇襲で攻撃すれば陥落が早かったと主張し、第三軍の決定を批判している。だが、この長岡の主張は以下の点から正しいとはいえない。

第一に、西北正面は実は東北正面よりも堅固であった。備砲数についていえば、東北正面百四十七門、西北正面百六十六門と西北正面の方が多い。工事の程度についていえば、東北正面には完成された永久築城が二箇所(A砲台・B砲台)、半完成が四箇所(第一分派堡・北砲台・二龍山・松樹山)なのに対して、西北正面では、完成した永久築城が四箇所(大案子山・小案子山・椅子山・鴨湖嘴(おうこし))、半完成が二箇所(太陽溝北・太陽溝南)で、工事の程度としても西北正面の方が堅固といえた(井上幾太郎「旅順攻城戦史」)。

第二に、西北正面主攻説は、攻城砲兵の展開の観点から誤りであった。攻城砲兵司令部では、西北主攻(第一案)、東北主攻(第二案)の砲兵展開計画二案を内地で策案して現地へ進出していたが、そのうち第一案は既述した不正確な地図をもとに立案されたもので、「直(ただち)に椅子山、太陽溝の線に対し砲兵を展開」するようになっていた(「井上回想」)。したがって、もし、長岡が主張するように、第一回総攻撃の際に、乃木が西北主攻を採用していたならば、予想もしていなかった前進陣地に敵が所在し、攻城砲兵の展開が遅れ、総攻撃の開始が大きく遅延することとなった可能性が高いのである。

第三に、正攻法の観点からも東北正面が正解であった。第三軍は第一回総攻撃失敗後に正攻法を採用するが、西北正面の太陽溝砲台附近は、岩石質の断崖(だんがい)が屹立(きつりつ)して、正攻法の攻路掘開が非常に困難だった。一方、東北正面である松樹山や二龍山方面は、傾斜もゆるく土質も比較的軟らかいため、攻路の掘開が比較的容易だったのだ。

実は、その比較的軟らかいとされた東北正面でも、地質は非常に硬い珪岩質(けいがんしつ)だったので、掘開作業は一日平均約五十センチしか進展しなかった。そのため、岩石質でそれ以上に硬い西北正面で正攻法を実施していた場合、旅順陥落は史実よりもさらに遅れた可能性が大きい。

ところで、「井上日記」および「井上回想」によると、十二月六日の二〇三高地完全占領後、児玉が攻撃重点を西北正面に転換してはとの意見を出している。そこで、井上幾太郎が現地を偵察した。その結果、①二〇三高地前面の椅子山、太陽溝堡塁は東北正面の堡塁と比較して堅固さの点において遜色(そんしょく)がない、②正攻法の攻路を掘開するには降傾斜を進まなければならず、東北正面の上斜面に向かう攻路掘開と比べ作業が困難である、③最終的には白玉山の防衛ラインの奪取が必要、などの理由で、井上は攻撃正面変更の不可を説き、児玉もその説明を聞いて西北正面への主攻転換の非なることを納得している。やはり、乃木の決断は正しかったのだ。

旅順要塞攻撃計画と楽勝ムードの蔓延

八月十一日、旅順要塞攻撃計画が、十七日には攻撃命令が下達された。計画では、主攻は二龍山堡塁と東鶏冠山砲台との間に向けられ、第九師団が盤龍山東堡塁を、第十一師団が東鶏冠山北堡塁を攻撃し、助攻は西北正面とされ、第一師団と後備第一旅団が椅子山方面を攻撃するとされていた。攻城砲兵が二日間の総砲撃で各砲準備総砲弾数の約三分の二を発射（現代の「攻撃準備射撃」に相当）、約三分の一を予備・突撃支援射撃用として残し、三日目払暁から主攻方面の各部隊が突撃に移る計画であった。

なお、第九・第十一師団は、突撃実施前日の十九日払暁までに、攻囲線から大八里庄（だいはちりしょう）西方高地より呉家房（ごかぼう）を経て黄嶺子（こうれいし）にわたる線に進出して、同日夜に鉄条網などの障害物を除去すると同時に、突撃縦隊を編成して突撃陣地を準備し、二十日朝に突撃を実施することとされていた（ただし、連日の降雨に起因する道路泥濘（でいねい）により砲兵の展開が遅れたため、日程は一日ずつ繰り下げとなった）。

この頃、大本営と満洲軍では、旅順陥落後に第三軍を錦州（きんしゅう）・営口（えいこう）に上陸させて、遼陽方面に転進させる計画が検討されていた。さらに、東鶏冠山砲台攻撃に当たる第二十二連隊が、敵砲台の占領後に祝勝会を開催する目的で、攻撃前に酒樽(さかだる)やゆで卵を用意するなど、陸軍中央も第一線部隊も敵情を軽視し、突撃の成功を根拠もなしに軽信していた。

しかし、軍司令部には唯(ただ)一人、総攻撃の前途に不安を抱いている人物がいた。要塞戦に造詣(ぞうけい)のある井上幾太郎である。井上は、攻囲線占領以降、第一線をたびたび巡視して要塞を偵察した結果、側防機関の有無は不明ながらも、相当な幅を有する外壕の存在を確認し、「強襲では失敗することがあるかも知れぬ」と不安を覚え、強襲法による要塞攻略は達成不可能と確信するに至ったのだ。しかし、強襲法での攻撃で意見が一致している軍司令部の雰囲気上、不安を口外したり、正攻法を採用すべきだと提案したりすることはできなかった（「井上回想」・「井上日記」）。

そこで井上は、攻撃計画立案に際し、損害を少なくし、かつ各部隊をして突撃前に地形を熟知させ、十分な偵察を行なわせる目的で、原案では攻囲線（旅順要塞より約三〜六キロ離れていた）から突撃を実施するとされていた箇所を、攻囲線から敵陣との中間地点まで突撃日前日に各部隊を進出させるよう修正すべきと強く主張し、修正を実現させた。

第三軍は総攻撃当日、この地点からの突撃でも堡塁・砲台に到達する前に大損害を出しているので、井上の修正意見は適切であった。だが、軍司令部内の雰囲気がある一定の方向に定まると、それに反する意見を表明しにくい日本軍の組織文化は、総攻撃失敗を招いた原因の一つとなる。

また、敵情を軽視し突撃の成功を妄信していたため、突撃準備も万全とはいいがたかった。各部隊が、鉄条網切断に用いる鉄条鋏（ばさみ）の使用法を工兵将校から伝授されたのは、突撃実施四日前の八月十七日のことであった。

かくして第三軍は、軍司令部から第一線部隊まで突撃成功に根拠なき自信を抱きつつ、その一方で、準備不足のまま総攻撃当日を迎えることになったのである。

三、攻撃実施

総砲撃の開始　―総砲撃はなぜ効果がなかったのか？―

八月十九日午前六時、激しい北風が吹く中を、攻城砲兵の火砲が第一発を放ち、第一回総攻撃が幕を開けた。この日から三日間で投入した火砲は三百七十四門、旅順要塞に撃ち込んだ重砲弾数は三万六千八百十二発（六百九十四・七トン）にものぼる（野砲・山砲弾を除く）。

鳳凰山東南方の二三六高地に位置する軍司令部から眺めた砲撃の光景はすさまじく、火薬庫が大爆発したり、爆煙が土砂と共に天高く舞い上がり、胸墻の外観が変形したりする様子が双眼鏡越しに確認できた。

軍司令部の面々はこの壮景に強く心をひきつけられた。攻城砲兵司令官の豊島陽蔵が攻撃正面の堡塁が完全に破壊されたと判断したのみならず、総攻撃の前途を悲観していた井上も堡塁・砲台がことごとく粉砕されたと感じ、強襲の成功を確信、大庭二郎に至っては攻城砲兵司令部員に対し「敵の堡塁砲台を破壊し呉れ有難う」と述べたという(「井上回想」・『奈良回顧』)。

しかし、乃木の評価は違った。堡塁・砲台の原形が保たれたままであるとして、突撃奏功の可能性が十分ではないと判断したのだ。実際、この判断は正しく、六百九十四・七トンもの砲弾が敵要塞に撃ち込まれたものの、堡塁・砲台に対する効果は不十分であった。しかし、保有する砲弾数が少なく、砲撃継続が不可能であることから、計画通り二十一日午前四時からの突撃を命じざるを得なかった。

では、なぜ、砲弾が不足したのであろうか? その真相を「大庭日記」は次のように記す。大庭は、欧州での事例を根拠に旅順攻略に必要な攻城砲の弾数を一門八百発と積算していた。だが、この数字を伝えられた陸軍省が勝手に一門四百発と修正してしまう。伊地知が陸軍省砲兵課長の山口勝と交渉し、山口は攻城戦開始までに六百発までにすると回答したが、この約束は履行されなかった。そのため攻城砲弾が不足してしまったのである。砲弾不足は第一

表2-2　前進陣地攻略から本防御線攻略まで約6ヶ月間の第三軍主要重砲の砲数と消費弾薬数

		弾数	1門当たり	砲数
新式砲	15サンチ榴弾砲	12,577	786.1	16
	12サンチ榴弾砲	23,573	841.9	28
	10サンチ半加農砲	2,181	545.3	4
旧式砲	28サンチ榴弾砲	16,662	925.7	18
	12サンチ加農砲	40,966	1,365.5	30
	15サンチ臼砲	28,205	391.7	72
	9サンチ臼砲	24,505	1,021	24

※新式砲は48門、対して旧式砲は144門だった。
※28サンチ榴弾砲は第一回総攻撃に参加していない。
出典：第三軍司令部編刊「旅順要塞攻撃作業詳報」（1906年）760・790頁

回総攻撃に大きな影響を及ぼした。四手井綱正「日露戦史講授録　第一篇」は、もし日本軍が砲弾豊富でかつ歩兵が優勢であるならば、第一回総攻撃は成功したであろうとロシア側が分析している、と書いている。

一方、敵堡塁・砲台に対する重砲の砲撃効果が不十分であった原因は、火砲の種類と数および砲弾の種類にあった。八月十八日時点の徒歩砲兵連隊および独立大隊が保有していた重砲は、十五サンチ榴弾砲十六門、十五サンチ臼砲七十二門、十二サンチ加農（カノン）砲三十門、十サンチ半加農砲四門、九サンチ臼砲二十四門であり、野戦重砲兵連隊は十二サンチ榴弾砲二十八門である。

しかし、砲数上、主砲の地位を占める十五サンチ臼砲は攻城砲として旧式であり、九サンチ臼砲も日清戦争の遺物であって、共に威力不足であった（両砲合計九十六門）。一方で新式砲である十五サンチ榴弾砲、十二サンチ榴弾砲および十サンチ半加農砲は砲数が少なかった（合計四十八門）。しかも、ロシア側は十五サンチ榴弾砲を標準に要塞の強度を決めていたため、同砲であっても堡塁のベトンは破壊できず、掩蓋陣地（敵弾を防ぐ屋根付きの陣地）を破壊する程度の威力しかなかったし、その十五サンチ榴弾砲ですら十六門と、主砲たる臼砲に対して約十七パーセントの比率でしかなかった（表2－2参照）。

　さらに、陸軍中央が供給した砲弾の種類にも問題があった。要塞攻撃に際しては爆裂力と土中に対する侵徹力が強力な地雷弾が必須となるが、第三軍は全三回の総攻撃を通じて地雷弾の供給を受けることはなかったのだ。

　このように、第三軍は砲種と砲弾の種類に問題を抱えており、このことが重砲による砲撃効果があがらない原因となった。

　近年、第一回総攻撃に関しては、投射した砲弾量を理由に、単なる肉弾攻撃ではなく、火力を重視した戦闘であるとの再評価がなされている。だが、この評価は一面的なものに過ぎない。確かに第三軍は大量の砲弾を投射したが、これが堡塁・砲台に対して破壊効果をほとんど持たなかったことの方が重要である。つまりは、消費弾薬と比較して射撃効果が僅少であったのだ。そして、その原因は、開戦前に要塞攻撃に効果的威力を持つ火砲と砲弾を適切に選定・準備できなかった、陸軍省・参謀本部の兵器行政の杜撰さにあったのである。第三軍は、開戦前の兵器行政の代償を、肉弾（人命）で補塡せざるを得ない状況に追い込まれることになったのだ。

大頂子山と青石根山の占領

八月十九日、助攻方面の第一師団右翼隊が三線の陣地を設け、砲十九門を配置し、守りを固める大頂子山のロシア軍陣地に対し攻撃をしかけた。だが、敵陣地の前方約三十メートルまで接近するも、周辺高地からの集中砲火を受け大損害を出し、突撃に失敗してしまう。また、第九師団右翼隊が、第三軍側に突出し、本防御線を攻撃する部隊の側背に脅威を与えている龍眼北方堡塁に対して攻撃を行なったが、堡塁に配備された機関銃が原因で攻略に失敗した。

しかし、大頂子山に対する攻撃は無駄ではなかった。コンドラチェンコ少将が、日本軍は堅固な東北正面を避けて西方の双島湾・鳩湾方面に主攻を向けてくると判断していたこともあり、大頂子山方面に十一個中隊の兵力を投入したため、ロシア軍は日本軍の助攻方面に兵力を吸収される結果となったからである。

翌二十日、第一師団右翼隊は、攻城砲兵と師団砲兵隊による猛烈な砲撃により、大頂子山の掩蓋（防弾屋根）十六個中十個が破壊された好機を見逃さず突撃を実施し、これを占領。

左翼隊も水師営南方の堡塁群の攻撃には失敗したものの、九三高地（寺溝東北高地）の占領に成功した。攻撃の様子を「第三軍戦闘詳報　第七号」は、大頂子山を攻撃した部隊は将校の多くが死傷したため、中尉・少尉が大隊の指揮をとったり、下士官が中隊を誘導したりする事例が多く見られたと記す。なお、四手井綱正「日露戦史講授録　第一篇」は、この日の午後四時に、二〇三高地の重砲弾が尽きていたため、第一師団が大頂子山占領に続いて二〇三高地を攻撃していたならば、比較的容易に占領できたであろうと指摘している。

第一師団は二十二日に青石根山（鉢巻山）の占領にも成功し、西北方面のロシア軍防衛線に楔を打ち込んだ。だが、青石根山は敵塁に突出した位置にあったため、左右からの側射を受け、一時期後方との連絡が途絶してしまう。前線兵士の苦しみを、小隊長の一人は次のように活写する。「青石根山の守備兵は、八日もの間、糧食や水の補給を受けることができず、重焼麺麭（乾パン）のみで過ごすこととなった。しかも、岩石質の青石根山では、戦死者を埋葬するにも死体を浅い穴に埋めて岩片で覆うしかなかったため、腐敗した死体の脂が岩の隙間を染み出して幕舎の中に浸透することがあり、守備兵はその臭気に嘔吐を催しながら耐える生活を強いられた」（要約。猪熊敬一郎『鉄血』）。

八月二十一日の戦況　―惨憺たる突撃結果と軍司令部の焦慮―

八月二十一日払暁、第九・第十一師団が突撃を開始した。乃木は前日、散兵壕や鉄条網の破壊を目的とした破壊射撃を実施するよう、攻城砲兵司令官に対し指示していた。だが、突撃開始までに鉄条網の破壊が十分でなかったため、突撃隊の多くが鉄条網を切断・破壊してから突撃せざるを得ず、堡塁や砲台に到達するまでに多くの損害を出すこととなった。

その様子は次のようなものである。第九師団の右翼隊は前面の敵を牽制し、左翼隊が盤龍山東堡塁と独立堡塁を攻撃した。東堡塁への突撃隊である第七連隊は、前夜から切断しておいた電流鉄条網を通過して、午前五時頃より突撃を開始したものの、その多くが敵前約百メートル辺りまでしか到達できずに死傷した。

そこで、連隊長の大内守静（おおうちしゅせい）が、自ら予備隊を率いて陣頭に立ち、累々たる死屍（しし）を乗り越えて突撃を実施したものの、身に十数弾を浴びて副官・連隊旗手と共に戦死。二人の大隊長以下多数の将校も死傷したため、生き残った百余人は負傷した兵卒が捧持（ほうじ）する軍旗の周囲に集結し、堡塁下の地隙（ちげき）に身を潜めることとなった。

一方、第七連隊の第二大隊は独立堡塁を攻撃したが、大隊長が戦死するなど大損害を出し撃退された。また、この日の夜には、第三十五連隊などが盤龍山東堡塁に夜襲をしかけたが、これも失敗に終わっている。

第十一師団の右翼隊は東鶏冠山北堡塁・第二堡塁を攻撃した。そのなかの第四十四連隊は、午前四時までに北堡塁に突撃し、外岸頂に到達する。だが、外壕の上に架けて通過するために準備していた携帯橋が短かったため、突撃兵が外壕内に飛び込むも外岸穹窖からの掃射を受け全滅した。一方、東鶏冠山第二堡塁（吉永堡塁）に突撃したこの連隊の第一大隊は堡塁占領に成功するも、ロシア軍の逆襲により、大隊長の吉永狂義以下、多数の死傷者を出し退却を余儀なくされた。

また、大孤山の北麓に位置する第十一師団司令部に砲弾が落下して、参謀の酒井卯吉郎と堀田祐之が戦死、その結果、指揮活動に支障が生じ、数少ない参謀を前線に派遣できなくなってしまう。そのため、第一線で戦う将兵の間から、師団長や参謀が前線に姿を見せず、後方で指揮をとっているとの批判が噴出し、以後、土屋光春（第十一師団長）・師団司令部と部隊との間で感情が乖離することとなった。

前線からわずか約三キロのところに位置する、団山子東北高地から戦況を視ていた軍司令部では、あまりの惨憺たる戦況に、伊地知がまたもや作戦の前途を悲観しだし、作戦参謀の津野田是重も一時は喪神して為すところを知らずという有様であった。そして、軍司令部は攻撃が進捗しないことに焦りを感じ始め、その焦慮が隷下部隊に対する峻厳な攻撃督促の形となって表出することとなっていく。

この日、第九師団は伝令が敵弾に斃れ、師団司令部と第一線部隊との通信が断絶してしまい、部隊の掌握が困難であったため、軍司令部に何度も突撃実施の予定を報告しながらも、突撃実施の報告を行なうことができなかった。一方で、第十一師団は隣接する第九師団に前進を促すよう軍司令部に要望していた。そのため、軍司令部は、総予備隊である後備第四旅団を第九師団に与えると共に、攻撃前進するよう何度も督促。それでも攻撃動作が不活発であったため、乃木が第九師団長の大島久直に対し、逡巡して前進しない者がいたならば「即時軍法に照し処分すべし」と伝える事態が発生した（「大庭日記」）。

しかも、軍司令部が、第九師団に督戦命令を出す一方で、第十一師団に対しても「師団は仮令全滅するも独力を以て突撃を実行すべし」と電話を通じて命令。これにただならぬものを感じた第十一師団長の土屋が、全滅云々の軍命令は事頗る重大であるので、後日の証拠として筆記命令を出すよう軍司令部に請求し、軍参謀副長の大庭が、先刻の命令は「成敗の如何に係らず第十一師団は独力を以て突撃を実行すべし」との意味なので筆記命令は不要であると返答する事態まで起きている（「第三軍戦闘詳報　第七号」）。

八月二十二日の戦況　―盤龍山東・西堡塁の奪取―

八月二十二日、軍司令部に、第十一・第九師団から順次以下のような要旨の電話報告があった。「師団は軍命令に基づき独立攻撃を実施しているが、その結果はずいぶん悲惨なものになるであろう。それでも師団は軍命令を遵奉して突撃を実施し骨を曝すだけである」、「数回突撃を実行したが遺憾ながら成功しなかった。兵力を集めてもう一度突撃を実行したとしても、成功は難しいと判断する」（要約。前掲書）。

　また、団山子東北高地に位置する軍司令部から前方を見渡すと、盤龍山東堡塁の東方斜面に、突撃縦隊の死傷者が二条の進路上に沿って横たわる惨憺たる光景が広がっていた。

　そこで、乃木は、このまま攻撃を続行しても後図を策するための戦力を無駄に消耗するだけであるし、砲弾も不足しているとして、強襲を一時中止し第二策を講じるべきであると決心。午前五時、突撃部隊を天明前に、二十日夜における旧陣地の位置に退却させるよう、第九・第十一師団長に命令した。そして、両師団の参謀長を召致し、昨夜来の実況を聴取して、今後の処置を示すこととする。だが、軍命令発令の時期が遅かった。師団司令部が伝令を介して突撃部隊に退却命令を伝えるには一時間を要する。そのため、両師団長は、今から退却したとしても夜明け後の退却となるため、壊滅に陥る可能性が高いと判断し、退却命令を履行しなかった。

　第九・第十一師団の参謀長が軍司令部に到着したのは、午前十時のことであった。だが、ちょうどその時、盤龍山東堡塁の斜面に伏せていた三人の兵卒が、死屍を乗り越えて山頂に攀登（はんとう）して行くのが確認できた。姫野栄次郎（ひめのえいじろう）工兵軍曹、高島長蔵（たかしまちょうぞう）一等卒、高木吉松（たかぎよしまつ）二等卒の三人である。彼らは、東堡塁下の地隙に身を潜めていた第七連隊の残兵を指揮する粥川重尾歩兵大尉・小寺外次郎歩兵大尉・杉山茂広工兵大尉が、砲弾の集中によって敵も我と同一の苦境にあると考え、機関銃、掩蔽部、塹壕を爆破するために送り出した兵であった。

　姫野らは、乃木と幕僚が見守る中、弾痕や窪地をたどって匍匐前進を行ない、東堡塁近くの機関銃の銃眼を爆破し帰還したうえで、堡塁内には守兵が少ないため、突撃奏功の望みがあると報告した。そこで、杉山は姫野に兵卒五名を与え、機関銃と掩蔽部の爆破を下命。姫野らは爆破に成功し、堡塁内を窺ったところ、守兵が恐怖で狼狽していることを確認できたため、後続部隊をさし招いた。これを契機として、第七連隊の残員が小寺を先頭に東堡塁に突進し、午前十一時、突撃隊が堡塁の西北突角を占領、第三十五連隊などの残員も救援に駆け付けた。

　この様子を望見していた乃木は、決心を翻して攻撃を継続することとし、「此の如く情況に急変を来したる以上は最早他を顧る余地はない。死力を尽して奮闘せんのみである」と述べ、第九・第十一師団参謀長を師団に復帰させた（『斜陽と鉄血』）。そして、第九師団は、増援隊と機関砲四門を東堡塁に投入し占領を確実なものとすると共に、砲火の集中により胸墻と掩蓋が破壊された好機を逃すことなく盤龍山西堡塁に突撃を実施し、午後八時頃これを占領した。

有名な軍事学者カール・フォン・クラウゼヴィッツは、その著書『戦争論』の中で、「偶然」の働く余地が大きい戦争では、予想外のことが多く起きると述べている。そして、盤龍山東堡塁の奪取には砲火の効力以外に偶然という要素が大きく関係していた。実は、東堡塁の直下に潜伏していた第七・第三十五連隊の残員には退却命令が出ていた。だが、彼らは軍旗の所在が一時不明であったため、「軍旗を喪失したまま帰還しては面目がないので、全滅するまでこの地点に留まる」と称して、命令に従わずその場に留まり続けた。そして、この抗命行為が、占領成功に繫がったのである（現代語訳。「大庭日記」）。

乃木の判断ミス

さて、盤龍山東堡塁占領の報に接した乃木は、これを転機として同堡塁方面から戦局の停滞を打破しようと考えた。すなわち、攻撃成功の見込みの薄い第十一師団による東鶏冠山北堡塁に対する正面攻撃を中止し、同師団を含めた軍の主力を東堡塁に投入、望台・虎頭山を占領させた後、半分を東に進ませて東鶏冠山北堡塁の奪取に、残り半分を西に進ませて二龍山堡塁の奪取に、それぞれ向かわせる決心をしたのである。

八月二十二日午後二時、乃木はこの方針に基づき、東鶏冠山北堡塁に対する正面攻撃を中止し、師団主力を盤龍山東堡塁に進出させた後、望台を経由して東鶏冠山北堡塁の咽喉部

（背面）に進出させるよう、第十一師団に命令を下す。正面からではなく、背面から攻撃しようとしたのである。だが、師団長の土屋光春が、すでに突撃準備を完了し、今まさに突撃を実施しようとしている時なので、作戦変更は不可能であると回答してきた。しかし、乃木は前回同様の突撃を反復しても成功する可能性は低いと判断し、土屋の意見を採用せずに、あくまで軍命令を実行するよう要求した。

第十一師団は、二十一日以来東鶏冠山北堡塁の攻撃を担当している第十旅団を使用して軍命令を遂行することに決め、午後六時、呉家房東北に集合した後、盤龍山東堡塁を経て東鶏冠山北堡塁に前進するよう命令した。しかし、第十旅団は敵との離脱に時間を要し、移動開始が翌二十三日の午前八時三十分頃まで遅れることとなった。

この盤龍山東堡塁を突破口とし、ここに戦力を集中して戦果を拡大しようとする乃木の作戦は、一見すると合理的に見えるものの、実際には勝機を逃がす誤ったものであった。というのも、この頃、東鶏冠山北堡塁の堡塁長は「堡塁の守兵は僅々（きんきん）四十名を剰（あま）すのみ。火砲は破壊せらる。機関銃も亦（また）同じ」（「四手井講授」）と報告しており、午後二時から午後五時にかけて東正面のロシア軍は窮地に陥っていたからである。四手井綱正は、もしこの時、日本軍が砲撃を継続し、かつ第十一師団が外壕通過方法を研究していたならば、東鶏冠山北堡塁に対する攻撃が成功した可能性が高いと述べている。しかも、この日のロシア軍は、東正面の火砲の過半を破壊され、将校の過半も死傷していた。

だが、乃木が作戦を変更した結果、東正面のロシア軍は、第十旅団が東鶏冠山北堡塁から盤龍山東堡塁への転進を完了し、攻撃を開始するまでの二十四時間以上もの時間を利用して、兵力の整頓(せいとん)を行なうことができたのである。乃木による作戦変更の決断は勝機を逃す重大な判断ミスであったのだ。

八月二十三日の戦況 ―望台に対する無統制な攻撃―

八月二十三日。第三軍にとってこの日は、多大な損害を出して占領した盤龍山東・西堡塁という戦果を利用して、戦局の停滞を打破できるか否かの分岐点といえる日であった。午前二時、軍司令部は、満洲軍総参謀長より「仮令(たとえ)尚ほ多くの犠牲を作るも、更に一層の勇気を鼓舞し、一端[旦]着手したる攻撃を中止せざることを希望する」との電報を受領する（「第三軍戦闘詳報　第七号」）。満洲軍は多くの犠牲を出したとしても、強襲法による要塞攻撃を続行することを希望していたのである。

この日、第九師団長の大島久直は、第十一師団長代理の山中信儀と協定し、第十旅団の到着を待って、午後四時より盤龍山東・西堡塁から攻撃前進を行なう決心であった。しかし、同旅団の盤龍山東堡塁への移動が遅緩したため、攻撃開始は大きく遅延することとなった。

第十旅団は午前八時三十分に集結地から転進を開始した。だが、多大の損害を被り指揮系統が寸断されていたため、部隊を意のままに動かすことができないうえに、途中で個人ですら通行困難な交通路を通過しなければならず、しかもロシア軍の砲火により移動を妨害されたため、旅団の先頭が盤龍山東堡塁に到着したのが午後八時となってしまった。直線距離でわずか約一キロを移動するのに、命令下達から二十六時間もかかったことになる。

この間、軍司令部は数回にわたり、攻撃実施を第十一師団に督促している。そのため、山中が午後七時に第十旅団長代理の石原盧に、更迭の意思を示して最後の突撃実施命令を下達しようとしたちょうどその時、石原から突撃隊が前進運動を開始した旨の報告が入った。

これより先、第九・第十一師団は、協議のうえ、盤龍山東・西堡塁を拠点として調整攻撃をかけることとし、二十四日午前一時三十分頃から、第十旅団を望台に、第六旅団を虎頭山に向けて、また、午前四時頃から、後備第四旅団を盤龍山第二砲台に向けて行動を開始させることに決めていた。ところが、両師団の突撃は無統制に実施されることとなってしまう。

二十三日午後十一時、第十旅団が、十三夜の皎月（こうげつ）が山野を照らす中、望台砲台に突進を開始した。だが、軍旗護衛分隊以外の全兵力をつぎ込み、接戦格闘の後、望台の頂上に到達するも、天明と共に周辺の堡塁・砲台からの猛射を受けて確保に失敗。また、第六旅団は、二十四日午前二時三十分に盤龍山東堡塁を出発し虎頭山の攻撃に向かうも、ロシア軍の側射を受けて東堡塁に後退。さらに、後備第四旅団は、午前四時に攻撃を開始し、盤龍山第一砲台を占領するも、ロシア軍の逆襲を受け撃退された。午後四時頃、望台高地斜面脚から東堡塁に退却する際に戦死した第四十四連隊長代理の遠藤五郎は、死に臨んで「兵数なきに非らず兵力なきなり」と慷慨して述べたという（「第三軍戦闘詳報　第七号」）。

失敗の原因は、白井二郎が回想録で述べているように、軍司令部が敵情を軽視し、本防御線に開けた突破口から攻撃をかければ永久堡塁を奪取できると考え、部隊の掌握や偵察が不十分なまま無計画に総突撃を強行したことにあった。石原廬が批判しているように、「匆卒な計画」に基づき行なわれたこの総突撃は「無謀の極」であったのだ（「旅順要塞第一回総攻撃の概要」）。

八月二十四日の戦況　―破られた強襲法という名の「迷想」―

八月二十四日天明、幕僚が団山子東北高地に所在する軍司令部から前方を眺めると、望台とその西北高地の斜面に数旒の国旗が点在し、将兵が各所に散在するのを視認できた。津野田是重は一瞬愉悦感に浸った。だが、さらに熟視すると、その大部分は死傷者か抵抗力を喪失した者であることが判明する。津野田は衝撃のあまり茫然自失し、午前中は食物を嚥下することすらできなくなった。

ところが、午前八時、第十一師団から軍司令部に、望台を占領したので新鋭な兵力を増加すればこの地を確実に占領できるとの報告があり、続いて午前九時には第九師団からも、望台とその西北堡塁は、東鶏冠山北堡塁を奪取しさえすればいつでも占領できるとの報告が入る。攻撃成功へ一筋の光明が見えかけた。しかしその後、両師団からの戦況報告が途絶えてしまう。そこで、軍司令部は両師団に攻撃を督励し戦況報告を求めた。

午後三時三十分、第十一師団より軍司令部に、第二十二・第四十四連隊が「全部覆没」したため、師団は攻撃継続不能である旨の心痛すべき報告が入る。そこで、伊地知が第十一師団に確認したところ、実際は今暁来突撃隊の状況が不明であったが、たまたま帰来した一負傷兵の報告により突撃隊がほとんど全滅したことを知ったとの回答があった。つまり、第十一師団長代理も第十旅団長代理も隷下部隊を全く掌握できておらず、負傷兵の報告に接するまで、部隊がいかなる行動を行ない、いかなる状況にあるのかを知らなかったのだ。

この時、第三軍は携行弾薬の約四分の三を射耗し、残る砲弾はわずか二万四千発となっていた。砲弾が不足しかけたところに、第十旅団壊滅の報告である。この報告が決定打となり、乃木は攻撃続行を断念する決心を固め、午後四時、強襲的攻撃を一時中止するとの命令を下達した。そして、午後八時、満洲軍総司令官に「比類なき勇気も精鋭なる器械を以て堅塁を死守する敵を屈する能（あた）はず。軍は〔中略〕多大の損害を蒙（こうむ）り、且つ重砲弾の関係上、強襲的企図を断念して正攻法を採るの止むを得ざる情況に至れり」との報告を行なった（以上、「第三軍戦闘詳報　第七号」・「四手井講授」）。

ロシア側戦史は、この日の日本軍の行動について、「日本軍がもし望台の東を経て劉家溝の背後に進出していたならば、ロシア軍は施すべき術がなくなっていたことだろう。だが、日本軍が銃声にひきつけられ望台の西方に進んだため、事なきを得た」と書いている（現代語訳。「四手井講授」）。第三軍は最後の総突撃においても、突撃隊の投入方向を誤ったのである。

かくして第一回総攻撃は、大頂子山、青石根山、九三高地および盤龍山東・西堡塁の奪取には成功したものの、戦闘総員五万七百六十五人（ロシア軍の約一・五倍）中一万五千八百六十人の死傷者（死傷率約三十一パーセント、ロシア軍の約十倍）を出して、失敗に終わった。死傷者のうち約七十五パーセントが銃創であったことからわかるように、突撃は主に機関銃と小銃により阻止されたのだ。特に機関銃の存在が脅威であった。

「第三軍戦闘詳報　第七号」は、第一回総攻撃を総括して、日本陸軍はこれまで要塞戦を経験したことがなかったため、「旅順要塞は強襲により一挙に陥落できる」との誤った「迷想」を懐くに至ったが、今やそれが誤りであり、「要塞に対しては強襲的な企図はほとんど成功の望みがない」という教訓を得た。第三軍はこの教訓に基づき敵の脇腹に匕首のように刺さった盤龍山東・西堡塁を拠点として、正攻法と強襲とを併用する方針を採ることにした、と

表2-3　日本軍戦闘別戦死傷者数（明治37年6月26日～明治38年1月2日）

戦闘名	戦死者数	負傷者数	生死不明	合計
剣山附近	25	136		161
剣山附近防御戦	30	189		219
前進陣地攻略・攻囲陣地占領	692	3,398		4,090
大・小孤山攻略	274	1,041		1,315
高崎山・北大王山攻略	269	947		1,216
第1回総攻撃	3,972	10,765		14,737
前進堡塁攻略	929	3,939		4,868
第2回総攻撃	825	2,812		3,637
第3回総攻撃	5,020	11,726		16,746
高丁山附近	27	142		169
東鶏冠山北堡塁攻略	153	741		894
後楊樹溝附近	27	122		149
二龍山堡塁攻略	312	1,037		1,349
H砲台・望台附近占領	173	735		908
松樹山堡塁攻略	19	167		186
後三羊頭村南方堡塁攻略	31	115		146
その他の戦闘など	1,138	5,473	1	6,612
合計	13,916	43,485	1	57,402
金州丸・常陸丸・佐渡丸遭難	1,046	39		1,085
総計	14,962	43,524	1	58,487

※本文の戦死傷者数は『公刊戦史』に依拠したので、本表と多少異なる。

出典：陸軍省編刊『明治三十七八年戦役陸軍衛生史　第三巻　戦傷（第一冊）』（1924年）160～161頁

書いている（引用文は現代語訳）。

第一回総攻撃失敗の原因

なぜ第一回総攻撃は失敗に終わったのだろうか？　この疑問に関しては、要塞戦に対する認識不足、旅順要塞に関する情報収集の失敗、第三軍編成と前進陣地攻略開始の遅れ、不正確な地図、兵器行政の不備、日本軍の組織文化、不十分な偵察、突撃準備の不備、乃木の判断ミスなど、いくつもの戦略的・戦術的原因が考えられることは既述したとおりだ。そこで、ここではそれ以外の原因について考えてみたい。

第一に、突撃の成功と至大な関係を有する砲撃の効力が不振を極めたことである。その原因は、火砲の種類と数、砲弾数、砲弾の種類などにあるが、この点については先述したので、ここでは砲兵運用の失敗について説明したい。

第三軍は第一回総攻撃で堡塁・砲台の全部に射弾を分散し、砲撃効果を散漫なものにしてしまった。だが、永久築城である東鶏冠山北堡塁に対して約四十一・一トンもの重砲弾を撃ち込みながら軽微な打撃しか与えられなかった一方で、大頂子山および盤龍山東・西堡塁に対する突撃が砲撃の効果を利用して成功を収めていること、そして盤龍山東・西堡塁が半永久築城（仮備築城ともいい、永久築城より強度が弱い）であり、各々約九十三・八トン、約六十

表2-4　攻囲戦全期間中に主要堡塁に発射された砲弾量と破壊状況

堡塁	大口径砲弾（トン）	中口径砲弾（トン）	合計（トン）	破壊状況
松樹山堡塁	389.364	104.864	494.228	砲弾の威力は微少
二龍山堡塁	522.915	247.148	770.063	砲弾の威力は微弱
東鶏冠山北堡塁	183.054	92.936	275.990	砲弾の威力は微少
爾霊山堡塁	519.214	7.100	526.314	堡塁の形状を失い、毫も抵抗力なし

※永久堡塁の松樹山、二龍山、東鶏冠山北堡塁には砲弾の効力が微少であったのに対し、臨時築城の爾霊山堡塁に対しては砲撃の効果が大きかった。
出典：参謀本部編『戦史及戦術の研究第二巻　要塞攻撃の教訓』（偕行社本部、1918年）93頁、附表第三

五・八トンの重砲弾を撃ち込んで陥落に繋がる効果をあげたことを考慮するならば、第三軍は射弾を全堡塁・砲台に分散するのではなく、砲撃効果を高めるため、半永久築城・臨時築城に集中すべきであった（表2－4参照）。

第二に、歩兵と火砲の協同が不十分だったことだ。これには当時の用兵思想が関係している。すなわち日露戦争開戦前の戦術は、歩兵の小銃火や砲兵の砲火の効力を過大に信頼する「火力万能主義」であり、一定時間砲火を浴びせれば「どんな術工物も忽ち壊れてしまふ、殊に野戦築城の如きものは、砲火を浴れば忽ち壊れる」（「井上回想」）というのが戦術常識であった。そのため、日本陸軍は、突撃時における歩兵と砲兵の協同戦術（例えば、砲兵が歩兵の前進と協同して、前進の邪魔となる機関銃を砲火により破壊するなどの戦術）や側防砲火に対する処置などを、平時においてあまり演練していなかったのである。

その結果、砲兵の支援射撃と歩兵の突撃とが分離してしまい、攻城砲兵司令部からは、これほど砲撃し、これほど堡塁・砲台を破壊しても、歩兵は突撃しないし、奪取もできないとの歩兵批判が出る一方で、各師団からは、砲撃しているのに効果がないという、砲兵批判が出ることとなった。

第三に、突撃距離が比較的長距離だった点だ。最後の突撃陣地は敵前約八百メートルの地点に築かれていた。また、当時は自軍砲兵による歩兵の味方撃ちを防止するためもあって、歩兵は約二百メートル以上の比較的長い距離を、砲兵の掩護射撃（後の突撃支援射撃）なしに突撃前進することとなっていた。そのため、敵堡塁・砲台に到達するまでに曝露された地形を長い距離進まねばならず、その間に大量の死傷者が出る結果となった。

しかも、当時の『歩兵操典』には「最後の突撃を行ふには火力の成果を待つ可し」（第三百二）と規定されており、歩兵は後の時代のように突撃支援射撃の最後の一発に膚接して敵陣に突入するのではなく、火力による敵陣地の破壊を待ってから突撃を開始するのが一般的であった。そのため、突撃距離が長いと、制圧効果（火力により敵の行動を阻止すること）が失われ、敵兵が掩蔽部から出て機関銃などで射撃を開始することが可能となり、損害が多発することとなったのである。

では、日本軍はこのような問題点をどのように改善したのであろうか？

第三章　決断

——前進堡塁の攻略と第二回旅順総攻撃——

孫家溝
龍眼北方堡塁
第9師団
第1師団
盤龍山西堡塁
盤龍山東堡塁
第11師団
松樹山堡塁
二龍山堡塁
盤龍山北堡塁
望台砲台
一戸堡塁
東鶏冠山北堡塁
東鶏冠山第二堡塁
東鶏冠山第一堡塁
大孤山
東鶏冠山砲台
白玉山堡塁
白玉山砲台
白銀山砲台
白銀山旧堡塁
白玉山西砲台
旧市街
東港
0
2km

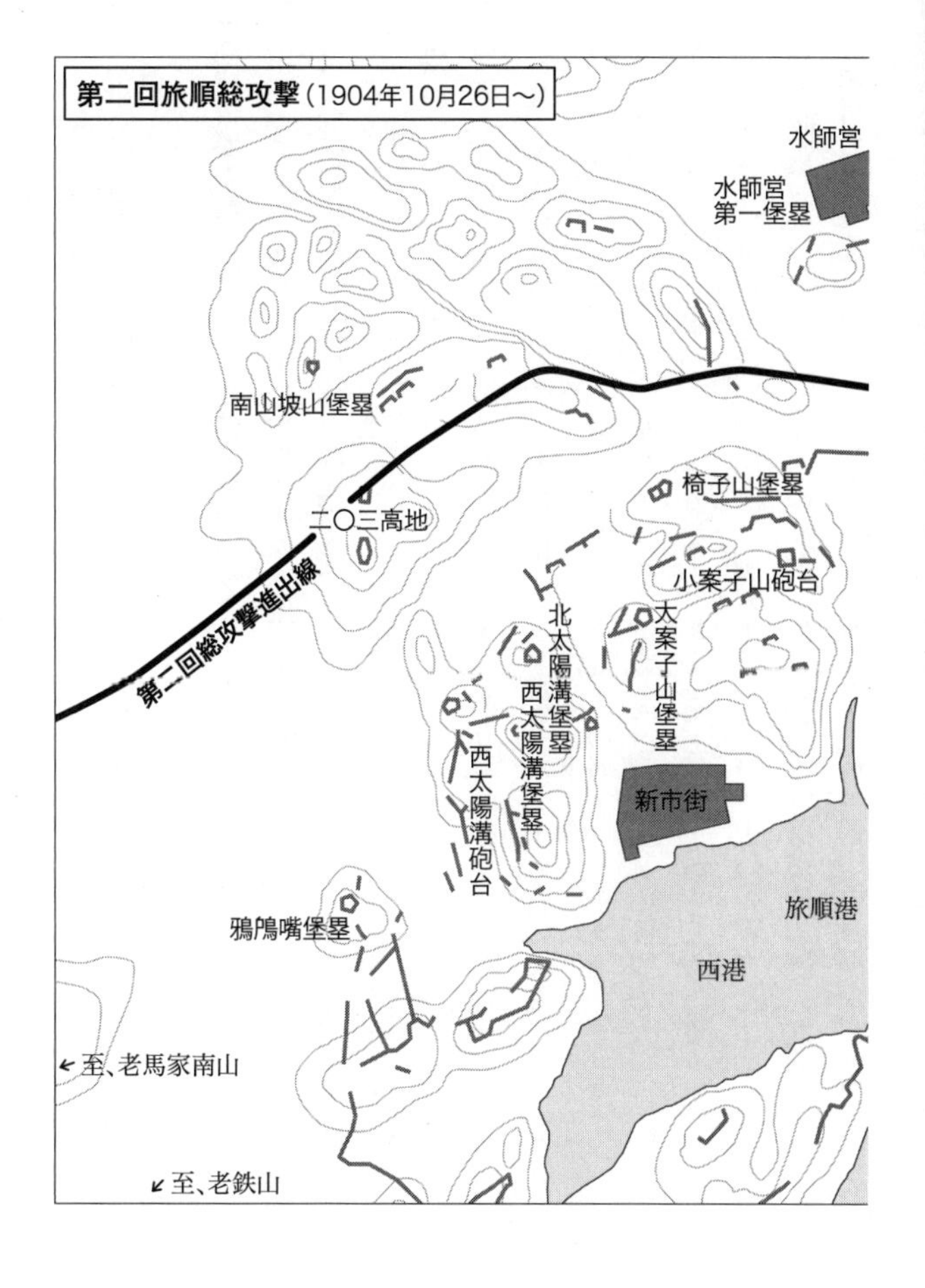
第二回旅順総攻撃（1904年10月26日～）
水師営
水師営
第一堡塁
南山坡山堡塁
二〇三高地
第二回総攻撃進出線
椅子山堡塁
小案子山砲台
大案子山堡塁
北太陽溝堡塁
西太陽溝堡塁
西太陽溝砲台
新市街
旅順港
鴉鴟嘴堡塁
西港
至、老馬家南山
至、老鉄山

一、正攻法への転換と窮地のリーダーシップ

第一回総攻撃失敗の衝撃 ―砲弾スキャンダル―

第三軍同様、否、それ以上に強襲法で陥落できるという迷想に浸っていた参謀本部と陸軍省は、第一回総攻撃の失敗に強い衝撃を受けた。陸軍大臣の寺内正毅は、その衝撃を八月二十六日の日記に「第三軍非常の損傷あり。到底補充に困難なるを以て、完全に補充するを得ず」と書いている（「寺内日記」）。

確かに第一回総攻撃失敗直後の現状は憂慮すべきものがあり、砲弾の残存数は野砲一門当たり約百発、重砲一門当たり約十五発、現有兵力は八月二十五日の段階で第一師団四千五百三十八人、第九師団四千八人、第十一師団三千七百三十六人、後備第一旅団三千三十九人、後備第四旅団千七百六十三人にまで落ち込んでいた。戦時編制の師団の人員は約一万八千人であるから、定員の約二十一～二十五パーセントまで兵力を減らした計算となる。

旅順攻略が容易に進捗しない理由が、砲弾不足と大口径火砲の不在にあることに気付いた参謀本部と陸軍省は、人員補充に努めると共に、砲兵用弾薬製造体制の拡充、二十八サンチ榴弾砲送付の措置をとることとした。中でも、参謀総長の山県有朋が、八月二十七日附け

の乃木宛ての書簡で、「遺憾無限は砲弾不如意の一事也」（『公爵山県有朋伝』下巻）と書いたことに象徴されるように、参謀本部と陸軍省は砲弾不足への対処に特に憂心を懐いた。

『機密日露戦史』によると、第一回総攻撃の消費弾薬数は約十一万三千六百発（一門当たり約二百九十五・八発）、総攻撃とほぼ同時期に行なわれた遼陽会戦では約十二万六百発（一門当たり約二百四十九・一発）だった。これに対して、八月三日段階での調達可能な弾薬数（材料数＋完成品数）は、野戦砲弾（榴弾・榴霰弾）十五万八千七百四十四発（重砲弾は不明）。砲兵工廠の一ヶ月の製造力は、野戦砲弾（榴弾・榴霰弾）と重砲弾合わせて三万三千九百発であると「業務詳報」は記す。つまり、遼陽・奉天方面と旅順方面で南北二正面作戦を強いられている陸軍は、しばらくの間は第三軍に対して第一回総攻撃規模の砲弾量を供給できない状況にあったのだ。

そこで、陸軍省は八月二十八日に、九月から翌年三月までに国内生産および英仏独からの輸入も含め、合計百十五万発の砲弾を整備する決定を行なった。

だが、増産の効果があがり、初回輸入分の砲弾が到着するまでの間、第三軍は砲弾不足――特に重砲弾不足―に作戦を拘束されることとなり、九月二十六日に、野山砲弾の製造を中止してもいいので、攻城砲一門当たり六百発の砲弾を至急送付するよう要求している。

その結果、砲弾不足をきっかけに大本営と第三軍との間に意思の齟齬が生じることとなり、伊地知幸介が、「旅順攻略意の如くならざるは一に砲弾の不足にあり」と「公言」するようになったため、山県が軍参謀長のそのような言動は「わが軍の威信を傷け、攻囲軍の士気を損ずる」のみならず「参謀長自身のためにも不利」になるとの覚書を乃木に送る騒動となった（『谷戦史』）。

ところで、第一回総攻撃の失敗と損害に衝撃を受けたのは、参謀本部と陸軍省だけではなかった。八月二十四日に山県から戦況について上奏を受けた明治天皇も憂慮し、盤龍山東・西堡塁の奪取を称え将兵の困苦をねぎらう勅語を下賜すると共に、侍従武官の宮本照明を差遣したのである。

新史料である「宮本照明日誌」によると、天皇が宮本に視察を命じた事項は、①軍隊の士気（過去・現在の状況および将来の見込み）、②負傷者の現況および収容時の状態、③戦死者取り扱いの状況（死体収容の成否および火葬・埋葬などの状況）、④銃砲弾薬の状況（「極秘」の事項とされた）、⑤兵力補充の状況（現況および将来の見込み、仮に一師団に将校五十人ずつを補充したとして如何なる程度まで戦闘力が回復できるか）などである。天皇が砲弾不足の現状、死傷者に対する処遇の程度、敗戦で打撃を受けた部隊の戦力と士気が回復できるか否かに強い関心を懐いていたことが窺える。

二十八サンチ榴弾砲の投入　―発案者は誰か？―

第一回総攻撃の結果、陸軍は要塞に対し重砲の威力が不足していることを認識した。しかし、陸軍は深刻な重砲弾不足に直面していたのみならず、十五サンチ榴弾砲に代表される破壊力の大きい重砲をほとんど保有していなかった。そこで注目したのが、対艦用の海岸砲である大口径重砲二十八サンチ榴弾砲であった。陸軍は、日露戦争開戦時に約三百～四百門を保有し、東京湾要塞・芸予要塞・下関要塞・由良要塞・広島湾要塞・舞鶴要塞・函館要塞に配備しており、砲弾備蓄量も豊富だったのである。大本営は八月下旬、二十八サンチ榴弾砲を旅順要塞攻撃に投入することとした。

その経緯と発案者については、これまで次のように知られてきた。

第一回総攻撃後の八月下旬に、参謀本部次長の長岡外史が、陸軍省砲兵課長の山口勝を訪問したところ、居合わせた陸軍技術審査部長の有坂成章に「今の火砲ではとても旅順は落ちない、二十八糎榴弾砲を送ろう」と勧められた。これに同意した長岡が山県参謀総長に話したところ、「有坂がそう言ったら間違いはない、よく寺内陸軍大臣と相談したまえ」ということで、寺内正毅に話し同意を得た（佐山二郎『日露戦争の兵器』）。

この長岡・有坂が主唱したという説は、日露戦争史の基本史料である谷寿夫『機密日露戦史』が典拠となっている。

しかし、信頼性の高い「明治三十七八年戦役陸軍省軍務局砲兵課業務詳報」の記述は、定説と大きく異なっている。

八月二十一日からの旅順要塞に対する突撃が失敗し、死傷者が大変多く、第三軍は正攻法を採用することになったと同時に、「陸軍大臣〔寺内正毅〕、陸軍次官〔石本新六(いしもとしんろく)〕の発意に依り」、攻城砲として二十八サンチ榴弾砲を送付して、旅順を砲撃させることとなった。これ以前に、寺内は「旅順要塞の攻撃には二十八珊(サンチ)榴弾砲の如き至大口径砲を用ふるを得策」と主張して、参謀本部次長である児玉の意見を求めたが、当時の参謀本部は「中小口径火砲の砲撃に次ぐに強襲を以てせば、旅順要塞を陥落せしめ得べし」という意見で一致しており、「陸軍一般の意向」も概(おおむ)ねこの意見と同様であったので、寺内の提案は一時採用されなかった。しかし、「八月廿一〔ママ〕日の総攻撃遂(つい)に非常の失敗に終りしかば、陸軍大臣は更に此事に関し大本営幷(ならび)に攻囲軍等に注意する処ろあり、其結果遂に攻城砲として廿八珊米(メートル)榴弾砲を採用すること」となり、八月二十六日に実行に着手した。

論点を整理しよう。この史料によれば、

①寺内が、旅順攻囲戦開始以前に、二十八サンチ榴弾砲を投入すべきだと提案していた。しかし、寺内の洞察力のある意見は、児玉を含めた参謀本部の、「中小口径火砲の砲撃」に続く「強襲」をもってすれば陥落できる、という議論により採用されなかった。

②そして、第一回総攻撃失敗後、寺内と石本の「発意」により、二十八サンチ榴弾砲の旅順攻囲戦への投入が検討された。

寺内の関与は知られていたが、石本については、これまで言及されることはなかった。石本は工兵出身で、当時砲兵および工兵教育の分野で世界最先端の教育を行なっていたフランスのフォンテーヌブロー砲工学校を卒業している。彼は陸軍省軍務局工兵課長や築城本部長、陸軍砲工学校長などを歴任し、陸軍次官に就任していたため、要塞戦や砲術の知見が深かったと考えられる。

寺内発意説は、一次史料からも裏付けが取れる。『寺内正毅日記』八月二十五日条には、「午前、有坂少将を招き、旅順攻撃の形勢を語り、大口径砲送附の件に就き意見を叩(たた)く」とあり、寺内が自発的・主体的に有坂を招いて、大口径砲の旅順送付に関して意見を聞いたことがわかる。そして翌二十六日条には「午前八時半より有坂少将来り。二十八榴弾砲の意見を述ぶ。之(これ)を採用す」とある。

寺内は、旅順攻囲戦の開始以前から二十八サンチ榴弾砲の投入を提案しており、そのため、総攻撃失敗後に同砲の投入を思い浮かべたのであろう。そこで、同砲導入にも関与した砲術の専門家である有坂を招き、技術的側面に関する専門意見を聴取したうえで、旅順への投入を決定したのだ。

このように、巨砲をめぐる意思決定は、寺内がリーダーシップを発揮し、寺内・石本・有坂ラインで協議・決定がなされたのである。

二十八サンチ榴弾砲投入に対する第三軍の反応

さて、投入へ向けた動きが始まり出すや、八月二十五日、参謀本部の長岡外史が、「攻城用として二十八サンチ榴弾砲四門を送る準備に着手せり。二門は陰［隠］顕砲架、二門は尋常砲架にして、九月十五日頃迄に大連湾に到着せしめんとす。意見あれば聞きたし」と伊地知に通牒した。長岡はこの通牒に対し、「巨砲到底間に合はず、送るに及ばず」という返電があったと回想している。だが、これは彼の記憶違いで、実際には伊地知は二十六日に「二十八珊榴弾砲は其到着を待つ能はざるも、今後の為めに送られたし」と返電している（以上、『長岡回顧』）。

当時の軍司令部の意向は、砲床に使用されるベトンが乾くまでに一、二ヶ月を要するので間に合わないという攻城砲兵司令官の意見があったこともあり、「二十八サンチ榴弾砲の大連湾到着後、運搬及据付等に少くも三週間を予定せざる可らず。然るときは之を使用し得べきは早くも十月上旬なり。軍は仮令ひ正攻法を併用して爾後の攻撃を継続せんとするも、斯く長時日を期待［ママ］するの意無し」という不要論に近いものであった。だが、次回攻撃後の状況、特に「港内敵艦船」に対する顧慮があり、最終的に前記の返電が行なわれた（『長岡回顧』

「第三軍機密作戦日誌」)。

つまり、軍司令部は、二十八サンチ榴弾砲を前進堡塁攻略戦において攻城砲として使う意図はなく、前進堡塁攻略後に旅順港内の敵艦船射撃用として使用する考えで、「今後の為めに送られたし」と返電したのである。

なお、第三軍に送られる二十八サンチ榴弾砲は、当初四門の予定であったが、二門増加され六門となっている。

乃木、指揮のスタイルを改める

窮地の時にこそ人間の真価があらわれるといわれる。第一回総攻撃後の軍司令部ではそれが顕著であった。伊地知の優柔不断な性格が表面化する一方で、乃木の決断とリーダーシップが、軍の進むべき方向性を確立したのだ。

第一回総攻撃中止命令が出された八月二十四日、伊地知はロシア軍の出撃を非常に憂慮して、第一線を後退させて鳳凰山の線を保持しようという内意を幕僚に示した。だが、幕僚の多くは敵の出撃に関しては比較的楽観視する者が多く、各師団は現在占領している地点を保持すべしという軍命令が出されることとなった。

実際、伊地知の不安は杞憂(きゆう)に過ぎないものだった。関東軍司令官のアナトーリイ・ステッセル中将は、これまで日本軍の攻撃は常に二十六日に実施されていたので、今回も八月二十六日に攻撃があると警戒し、二十六日に防戦準備を下命しており、大規模出撃の意図はなかったからだ。

一方の乃木は二十四日、自らが旅順攻略のための拠点と位置づけた盤龍山東・西堡塁を確実に維持する目的で、参謀副長の大庭二郎と工兵部長の榊原昇造（さかきばらしょうぞう）を両堡塁に差遣し、現状を調査させている。さらに、第一回総攻撃が失敗して以降、柳樹房（りゅうじゅぼう）にあった軍司令部の自室にいることは稀（まれ）になり、多くの時間を情報が集中する別棟の第一課（作戦課）室で過ごし、作戦主任参謀の白井二郎と作戦参謀の津野田是重を指導するようになった。白井と津野田が作戦をめぐり議論を戦わせるような時には、自身も論争に加わって、平等の立場で意見を吐露している。

このように、二十四日頃から、乃木と伊地知の本来の性格が明確に作戦に影響を与えるようになった。伊地知が優柔不断で心配性の性格のため、幕僚の意見をまとめられなくなる一方で、乃木は果断な性格を発揮した。これまでの幕僚—特に参謀長—任せの指揮スタイルを改め、自身が積極的に指示を出すと共に、参謀長を介することなく幕僚の議論に加わって意見を聴取したり、意見を表明したりするようになり、総攻撃失敗で意気消沈する軍司令部をリードし始めるようになったのである。

盤龍山東・西堡塁死守の決断

八月二十五日、軍司令部幕僚の大部分は、連日の疲労と戦況の不利を悲観して「床を離るの勇気も失せん計り」の様子であった。だが、軍司令部内にも強襲法を放棄して正攻法に転換するしかないとの決心を固め、正攻法採用に向けて動き出した人物がいた。乃木と井上幾太郎である。

この日井上は、早朝から軍参謀長および各幕僚を説得して正攻法採用の同意を得ることに成功し、みずから正攻作業の目標となる堡塁を偵察しようと、水師営南方堡塁および龍眼北方堡塁の偵察に赴く。だが、単身で「土饅頭」を転々と伝って敵塁に接近したものの、遂に発見されて狙撃を受け、「数時間土饅頭の後方に伏臥して日の暮るるを待」たねばならない窮地に陥った（以上、「井上日記」）。司馬遼太郎『坂の上の雲』の影響もあって、第三軍参謀は後方の司令部に所在し、第一線の偵察をまともに行なっていなかったという印象が強いが、この通説的イメージは誤りなのだ。

一方の乃木は、この日、盤龍山東・西堡塁の視察から戻った榊原昇造および大庭二郎の報告と意見を聴取している。「旅順要塞攻撃作業詳報」によると、榊原の意見は、両堡塁確保のためには後方地区との間に幅二メートル五十センチの交通路を開設する必要があるというものであった。だが、両堡塁は惨状を呈していた。堡塁の防備を固めるためには胸墻を高くし内壕を深くする必要があったが、堡塁内にあまりにも死屍が堆積していたため、死体掃除を行なわなければ作業を実施したり、内壕を規定の深さにしたりすることができない状況だったのである。

堡塁内の凄惨な様子を、この地の守備に当たった第三十五連隊の軍医が次のように回想している。「土嚢を造る時間がなかったので、附近にある死体を積み重ねて遮蔽物として利用し塹壕を掘り、天井部分を鉄道の枕木で補強して急造塹壕を造った。だが、枕木の間から死体の足や顔が出ているため、占領二日目くらいから臭気が漂ってきた。三日目くらいからは蛆虫が這い出し仰臥していると顔に落ちてくるようになり、腐乱した死臭に耐えられなくなった。臭気は支給された線香で誤魔化し、蛆虫の落下は天井の枕木に新聞紙を張り付けることで防いだが、寝ていると蛆虫がゴソゴソと這い回る音が聞こえた」（要約。陸軍軍医団編『日露戦役戦陣余話』）。

二十六日、井上は、今度は盤龍山東堡塁を偵察した。同堡塁を守備する第六旅団長の一戸兵衛は、「我が軍がこの東堡塁を占領して以来、敵は日々恢復攻撃を行ない、昼間は第一線各方面の砲台から重砲弾を集中させて我が兵が前夜作った防御設備を破壊するだけでなく兵員に損傷を与え、夜は二百メートル前方にある支那囲壁から出撃して東堡塁の前方のみならず左から内部突入を試み、我が兵はその対応に忙しい。そのため、我が軍の死傷者は日々百人に達している」（現代語訳）と述べた。つまり、一日で半個中隊が死傷するという凄惨な戦況であったのだ。

　井上自身も塁内の至る所に死傷者が横たわり呻吟（しんぎん）の声が絶えない状況を見て、「此堡塁守備の如何に困難なるかを思はしむ」との感想を懐いた。こうして、盤龍山東・西堡塁を保持するか否かが、軍司令部内で重要な検討課題となった。

　二十九日、第九師団より、両堡塁の守備のために戦死傷者が一日百五十名に達するので、このような状況が継続すると守備が困難であるとの報告が軍司令部にあり、ただちに幕僚会議が開催された。その際、幕僚の間では「どうも如何にも損傷が激しい。彼（か）の堡塁は他日再び取ることも難かしくはあるまいから、寧（むし）ろ今日は之（これ）を捨てたらどうか」と放棄論が議論された。だが、乃木がこれに反対して「一旦（いったん）取ったものは、如何なる損害を生ずるも棄つべからず」と主張した結果、第三軍は両堡塁を保持することとなった（以上、「井上日記」・「井上回想」）。

　一週間経過すると堡塁の防御工事が堅固となって損害も少なくなり、以後の攻撃はここを基礎として行なわれたので、この乃木の決断はこの後の作戦を容易にすることに繫（つな）がった。

正攻法を採用し、小田原評定に終止符を打つ

第一線を偵察した井上幾太郎は、八月二十七日に軍工兵部副官の宮原国雄の協力を得て正攻法実施計画を立案し、翌二十八日乃木と伊地知に提出、早速、幕僚会議が開催され、全員の承認を得た。その概要は次のようなものである。

一、攻撃すべき堡塁・砲台は各師団二個。
二、攻撃作業は堡塁・砲台を攻撃する部隊の担当とし、工兵はその指導と特別工事（攻路の先頭部分の工事など）を、歩兵は歩兵陣地や交通路の築設を担任する。
三、材料の供給は工兵廠の任務とし、支廠を各師団の後方に推進する。

また、正攻法実施計画には、各師団が攻略する堡塁・砲台ごとに、作業人員、作業の種類、材料の種類と所要量、予定日数が詳細に明記されていた。突撃陣地完成までの予定日数は一番長いもので二十五日、短いもので十二日、概ね約二週間となっている。

井上の回想録である「日露戦役経歴談」によると、計画立案中最も苦心したのが予定日数の決定で、平時に実施された工兵隊演習の経験から約二週間でかなりの攻撃作業ができることは知っていたが、これ以外に基準とすべき資料や経験がない。そこで、この経験をもとに、

なるべく速やかに旅順を攻略すべしという軍の任務や、日数が三〜四ヶ月もかかるとなると部隊の士気に悪影響が出る恐れがあることを考えあわせて、上記の予定日数を決めたという。

三十日、各師団の参謀長である星野金吾（第一師団）、須永武義（第九師団）、石田正珍（第十一師団）と、工兵大隊長である大木房之助（第一大隊）、杉山茂広（第九大隊・代理）、石川潔太（第十一大隊）を軍司令部に召致し、砲兵部長の豊島陽蔵、工兵部長の榊原昇造を含む軍司令部幕僚も出席して、伊地知の司会のもとに井上案が討議されることとなった。

席上、師団参謀長は全員、「砲火の有力な援助がなければ、敵前での土工作業は困難であるので、正攻の実施はなるべく取り止め、弾丸の補充を得た後で強襲を繰り返すべきである」と強襲法の再実行を主張した。この時、石川のみが「古来の戦史を見ても、強襲に失敗した時は、正攻に移行することが多いので、我が軍が正攻に移るのはやむを得ない」と正攻法に賛成したが、各師団参謀長は「攻城砲兵の支援なくしては作業は困難である」と再反論して止まなかった。かくして、会議は甲論乙駁して容易に決しない事態となった。

会議が長引いた原因は伊地知にあった。「決心の遅鈍」な伊地知がいずれの意見に対しても賛否を表明せず、その結果、午前十時から始まった会議は午後四時に至るも結論が出ない小田原評定となったのだ。

この長評定に終止符を打ったのが乃木である。朝から会議を傍聴していた乃木が、ついにたまりかねて口を開き、「砲兵の援助射撃なくして作業を行なうことは、困難なだけでなく、多くの死傷者を出す恐れがある。しかし、敵の弾薬は有限なのに対し、我が軍は無限の人員を有している。敵がもし一発の弾丸を発射したならば、その分だけ要塞の生命を減らすことになるのだ。それゆえ、我が軍はこれを目的として正攻作業を実施すべきである。そして、後日になって補充の弾丸が到着し、再び他の攻撃法を採用できる機会を得たならば、ただちにそれに移行すべきだ」との鶴の一声を発したのである。この発言で、六時間に及ぶ小田原評定も瞬時に決し、九月一日を期して全軍一斉に正攻作業に着手することとなった（以上、現代語訳。「井上日記」）。

ちなみにこの日の会議で採択された正攻法とは、近接作業すなわち対壕を使用して敵陣に迫る攻撃方法であり、長時日を要する欠点がある（図3－1参照）。すなわち、正攻法に移行する地域を第一攻撃陣地とし、そこからジグザグの攻路（塹壕や坑道）を前方へ百メートル程度掘り進め第二攻撃陣地をつくり、ここに作業掩護部隊を配置し、さらにそこから攻路を掘進する。これを繰り返して敵堡塁前約四十～百メートルの地点に突撃陣地をつくり、そこから攻路を進めて突撃を実施するというものである。これにより歩兵が敵堡塁に向け長い距離を曝露して前進する必要がなくなることとなった。

乃木による正攻法採用の決断は、戦術思想の転換（強襲法の放棄）のみならず、可及的短

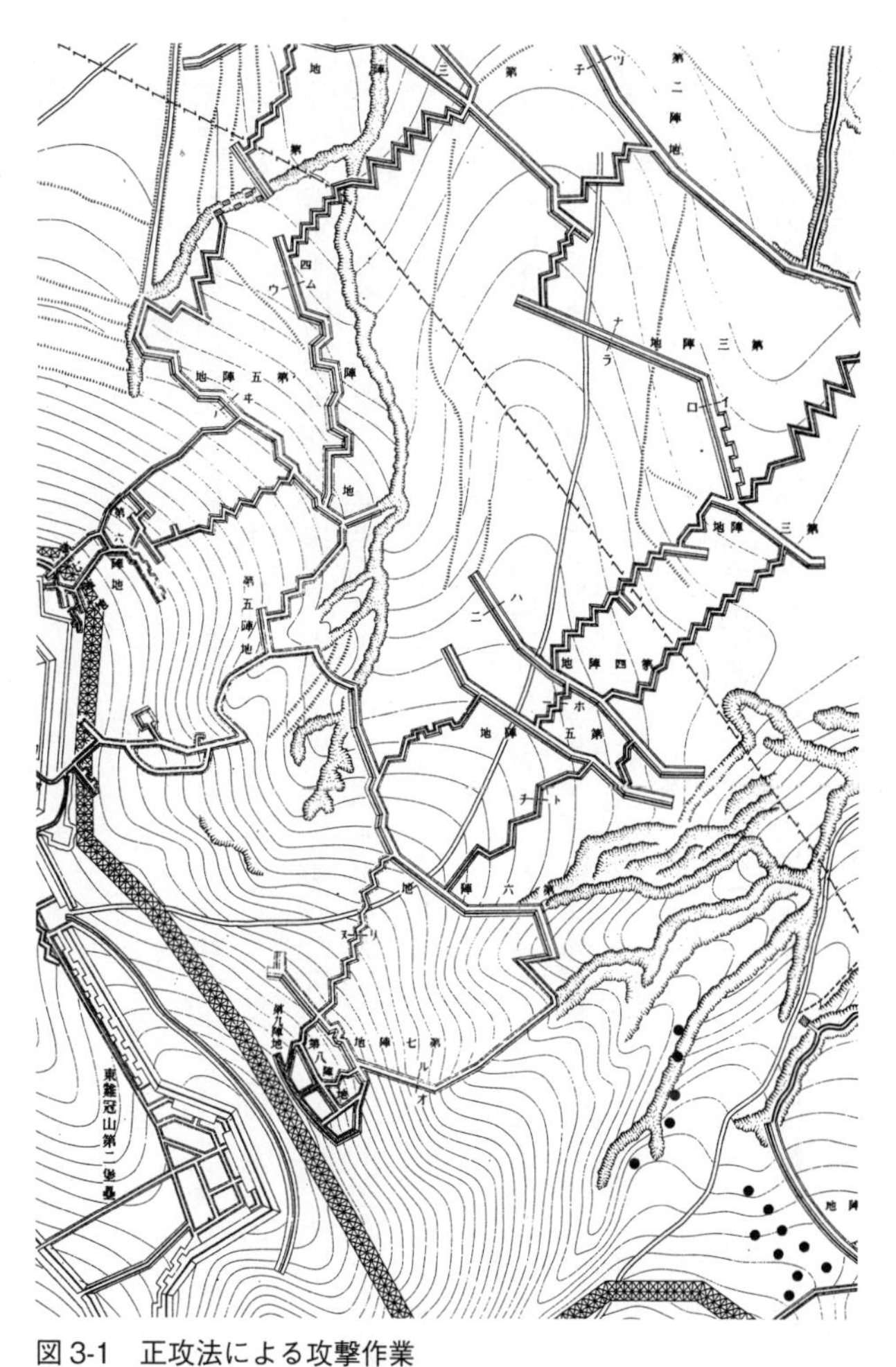

図 3-1　正攻法による攻撃作業

出典:参謀本部編『明治三十七八年日露戦史』第六巻附図（東京偕行社、1914年）附図第九

期間での要塞攻略をあきらめるという意味で戦略思想の転換でもあった（表3－1参照）。

決心遅鈍な伊地知

軍参謀長は幕僚の意見を集約して作戦方針を決定し、それを軍司令官に提示するのが主たる職務である。井上幾太郎が、伊地知を評して決心が遅鈍であると書いたことからもわかるように、優柔不断な伊地知は軍参謀長としての役割を果たせないことがあった。

井上は「例の優柔不断にして突嗟の決断に乏き伊地知参謀長」とか「軍参謀長は気の長い人でありましたから、容易に決定を与へない」というように伊地知の優柔不断さを幾度も批判している（「井上日記」・「井上回想」）。

伊地知の優柔不断さを批判するのは井上ばかりではない。佐藤鋼次郎は「殊に躊躇逡巡して決断力に乏し」（『佐藤回想』）と評し、山県は「伊地知等が優柔不断之説を講じ、其為め乃木は判決に困しみ遷延躊躇之情況」（「寺内正毅関係文書」十一月二十一日附寺内宛山県書簡）と書いている。

満洲軍参謀の尾野実信が、軍司令部編成の際の人選ミスが原因で、幕僚の意見を統一する人物が司令部内に存在しなかったと述べていたことは既述した。第一回総攻撃失敗後から正攻法に転換するまでの経緯を見ていると、尾野が指摘した軍司令部の問題点は、伊地知の優柔不断に起因するものであったといえるだろう。

乃木の統率力はどの程度か

ところで、軍司令官としての乃木は、決断力以外にも統率力と大局観も兼ね備えていた。統率力は目に見えないものであるため、これまで具体的な事例が指摘されることはなかったが、井上幾太郎の日記には乃木の統率力がわかる記述がある。たとえば、食事に関して次のように書かれている。

「軍の幕僚は管理部の給与にて甚だ不満を訴へ、材料を受領し、幕僚附書記をして自炊す。但し、軍司令官は依然管理部の食事にて満足しあり」。

乃木が旅順攻囲戦の陣中で兵士と同じ食事を摂っていたというのは有名な逸話であり、通説化している。しかし、井上の日記によればこれは誤りである。真相はこうだ。軍司令部幕僚は、管理部（司令部員の宿営・給養を司る機関）の提供する食事に閉口して不満を口にし、七月

表3-1　正攻法作業に関する統計

項目	数値
歩兵陣地総延長	16,711メートル
交通路総延長	36,599メートル
坑道総延長	617.3メートル
土嚢	約175万個
作業延べ人数	207,913人
戦死傷者	3,689人 （作業箇所当たり1日平均3.65人）

※正攻法は多くの人員と資材を必要とする一大土木作業であり、その採用には勇断が必要であった。

出典：第三軍司令部編刊「旅順要塞攻撃作業詳報」（1906年）附表第三・第六・第七

一日から食材の支給を受け、幕僚附書記に調理させるようになった。これに対し乃木のみは管理部の提供する食事で満足していたという。つまり、管理部の給与を摂っていたことが、兵士と同じ食事を摂っていたというように誤って伝えられたのだ。

しかし、幕僚の半数が乃木と夕餐(ゆうさん)を陪食(ばいしょく)する内規であったため、幕僚は乃木との相伴に内心閉口していた。そのため幕僚は局面打開をはかる必要があった。そこで、抽選で選ばれた作戦参謀の津野田是重が陪食の席で、特別に調理した米飯を供した。乃木がその理由を尋ねたのに対して津野田は、「戦地に於(お)ては食事と就寝の外、享楽はない。若(も)し好む所の物を食はずして死んだならば多分餓鬼道に陥るでありませう」と述べ、以後は陪食の席でも幕僚のみは乃木と別の物を食べられるようになった(『斜陽と鉄血』)。

また、第一回総攻撃において、軍司令部は各師団にかなり無理な要求を行なったが、総攻撃失敗後、各師団長から不平の声が上がらなかったのは、乃木の人格の力が与(あずか)っていたという。井上は九月六日の日記に次のように記す。

「過日来の第一回総攻撃に於ては、軍より各師団に相当無理な要求を行ひ、難きを求め、従て各師団とも各大なる損害を蒙(こうむ)れるを以て、師団長の間には軍に対し多少不平の向きもあらんかと思惟(しい)せしが、本日の会合に依りて見れば、各師団長とも乃木大将の人格に服せるにや、更に不平の色あるものを見ず、皆喜んで軍司令官の意図を向[ママ]へ、進んで其重任を果さんとする色見へたり」。

全軍の約三分の一にも及ぶ損害を出しながら、各師団長から不平の声があがらなかったというから、乃木の統率力はかなりのものがあるといえよう。

乃木は師団長や幕僚のみならず、第一線で戦う将兵からの信望もあつめた。戦線後方にいて指揮をとることを嫌う彼は、総攻撃の時には軍司令部のある柳樹房からより戦線に近い、攻城山（こうじょうさん）（豊島山（としまやま）、二一八高地）や高崎山などに指揮所を推進させて指揮をとると共に、一ヶ月の約半分（「乃木日誌」によれば九月だけで十三回）を戦線巡視に費やし、絶えず第一線の将兵と接触して慰労の言葉を投げかけた。「乃木日誌」を確認すると、乃木は坑路頭や敵陣まで約二百〜三百メートルの最前線にまで赴いて視察を行なったため、少なくとも四度敵から狙撃を受けている。

第一線で敵弾に身を曝（さら）し戦う将兵は、常に指揮官に目と神経を集中させており、指揮官が後方で指揮をとり前線に姿を見せないことに対し非常に敏感である。そのため、敵弾飛び交う最前線に進出して指揮をとる乃木の勇気は、第一線で戦う将兵に良好な精神的影響を与え、上は師団長から下は一兵卒まで全軍を一体化させる効果をもたらした。

乃木の大局観

軍司令官はややもすると自軍のことを優先的に考えてしまい、他の軍に対する配慮が不足してしまいがちだ。しかし、乃木は優れた大局観を持っており、第三軍が旅順で苦戦中のときも、戦略的見地から、満洲軍全体の利益を優先させる傾向があった。

十一月十三日、白井二郎が、第三回総攻撃計画の打ち合わせのために満洲軍総司令部を訪問した。この時、「今度は第三軍は旅順を攻略することは大丈夫だらう、さうだらうナ」との児玉の問いに対して、白井は「今度は大丈夫成功します」と答えている。

だが、第三軍には満洲軍に対する要求事項があった。白井に与えられた訓令に「野山砲弾の要求」および「砲数は北へ割くも弾丸を欲す」という項目があったのがそれだ。つまり、白井は児玉に対して、第三軍が有する火砲の幾分かは沙河方面の決戦正面に提供しても良いので、そのぶん砲弾を増加してくれるよう要求したのである。しかし、満洲軍は第三軍に対し一門あたり約二百発の弾丸を支給したのみであった(以上、「白井回想」・『谷戦史』)。

当時の第三軍は攻城砲の弾薬がたいへん欠乏していた。攻城砲一門あたりの平均消費弾薬数は、九月は八十七発、十月には五十二発と大変厳しい状況にあり(第一回総攻撃が行なわれた八月は三百十七発だった)、特に破壊力の大きい最新式の十五サンチ榴弾砲の十月の一門平均消費数は四発と、ほぼ弾丸切れといってもいい悲境にあった(表3-2参照)。

表3-2　各砲1門当たりの平均消費弾薬数（月別）

	攻城砲	野砲	山砲	海軍陸戦重砲	戦利砲
7月	131	104	113	231	85
8月	317	317	368	1,053	69
9月	87	146	35	297	19
10月	52	23	69	310	27
11月	207	61	70	183	27
12月	96	137	62	149	25
1月	18	34	51	ー	ー
累計	908	822	768	2,223	252

出典：宿利重一『旅順戦と乃木将軍』（春秋社、1941年）67頁

　それゆえ、軍司令部の幕僚が満洲軍に対し砲弾増加を要求するのは当然といえる。だが、乃木の考えは違った。乃木は白井に対し、次のように述べて「愚痴も泣言も言はれなかった」というのだ。

「沙河の方面で、国軍の主力たる満洲軍が敗退しようならば、是は直ちに我が日本国の国運の消長に関係する。旅順の攻撃に失敗しては相済まぬ。けれども其成否は唯時日の問題で、第三軍が北方の方面へ行くのが早くなるか遅れるかと云ふのであって、国軍の勝敗を決し、延ひて我が帝国の運命を左右することは、どうしても北方の総司令官の率ゐて居る満洲軍の成敗によるのであって、それが一番大事である。それであるから満洲軍の方へは砲でも弾でも弥が上にも多くして置かなければならぬ」（以上、「白井回想」・『軍人乃木大将の偉影』）。

　乃木がこのように、第三軍による旅順攻撃の成否よりも沙河方面の戦況を重視したのには理由がある。実は十

一月六日に児玉から、次の内容の書簡を接受していたのである。

「如此（かくのごとき）情況に付、何時破裂致候哉（や）も難計（はかりがたき）に付、貴軍より野砲弾之御請求も御座候へども、何分此大決戦を前面に引受居候場合にて、御求めに応じ難く、是又遺憾千万に御座候」（宿利重一『児玉源太郎』）。

つまり、乃木は、沙河方面で決戦が生起する可能性を報じる児玉からの私信に接していたため、旅順方面の作戦の成否よりも日本の運命を左右する沙河方面の作戦を優先し、自軍よりも北進軍の砲弾状況を優先させたのだ。

乃木はこの他にも大局的見地に立った判断を下している。たとえば、六月二十一日、第二軍からの「軍の兵站（へいたん）は輸送材料欠乏のため、糧食輸送に大きな困難を来している。そのため、第三軍の占領地内にある支那馬車の多数と大連にある鉄道貨車二百輛（りょう）を北方に輸送して欲しい」旨の懇望に接するや、「軍の苦痛が甚だしい」状況であったにもかかわらず、自身の判断で貨車を金州方面に送る決断を下している（現代語訳。「井上日記」）。これまでの研究では等閑視されてきたが、乃木の大局観はもっと高く評価されてもよいだろう。

正攻・強襲併用の訓令の下達と突撃教令の作成

話を正攻法採用の決定後に戻そう。八月三十一日、前日の会議の決定に基づき、軍司令官は正攻法・強襲法併用に関する訓令を発した。この訓令は、第一回総攻撃の教訓を反映したもので、次のような内容だった。

①正攻法により堡塁・砲台を奪取すると共に、機を見て強襲法を採ること
②第一師団は二〇三高地附近の諸堡塁と水師営各堡塁を、第九師団は龍眼北方堡塁と盤龍山北堡塁（鉢巻山）を、第十一師団は東鶏冠山砲台と東鶏冠山北堡塁を攻撃目標にすること
③各部隊は、対壕作業（歩兵陣地や塹壕などを掘る作業）中、独力で敵の妨害を排除し、砲弾節約のため、やむを得ざる場合以外は重砲兵の協力を請わないようにすること
④各部隊は、第一回総攻撃で損害多発の原因になった攻撃前進中の密集隊形を改め、疎開隊形を採ること
⑤将校の死傷が多いことは日本軍の「美徳」だが、戦闘力減殺に繋がるので、突撃の際に必要な将校以外は部隊の先頭に立たないようにすること
⑥野戦砲兵は突撃部隊に随伴して、堡塁内に素早く進入し、堡塁占領を確実にすること
⑦各級指揮官は部下を確実に掌握すること
⑧突撃前の偵察を十分にすること

（「四手井講授」）

続いて乃木は、井上幾太郎に、第一回総攻撃の戦訓を活用して突撃教令（正式名称は「堡塁突撃に関する教示」）を起草するように命じ、完成後隷下部隊に配布して教育訓練の準拠とするよう指示した。井上の戦訓分析によれば、第一回総攻撃失敗の最大原因は、歩・砲兵が永久堡塁に対する突撃の要領を十分に会得しておらず、遠距離より平押しに攻撃前進を行なったことにあった。とはいえ、要塞戦術研究のためドイツに留学した井上も、隊附勤務以前に帰朝を命じられたため、要塞に対する突撃要領を完全に会得していたわけではない。そこで、井上は天幕内で一昼夜横臥瞑想（おうがめいそう）し、ドイツで読んだ文献の記憶を呼び起こしつつ、突撃教令案を完成させた。

画期的な突撃教令

突撃教令は、突撃直前の火力発揚、歩砲工兵の密接な協同、築城を重視した点に特徴がある。特に注目すべきは、連合艦隊から提供された四十七ミリ速射砲十二門を攻撃部隊に配備し、その精密迅速な射撃で敵機関銃を撲滅させ、突撃部隊を援助しようとした点だ。この井上の着眼は卓見であり、小口径の火砲を第一線歩兵陣地に配置し敵機関銃を撲滅するという着想はこの時を揺籃（ようらん）とし、後の歩兵砲の先駆けであると高く評価されている。また、第一回総攻撃で敵に近接すると小銃が撃てずに投石戦となった教訓から、手榴弾の先駆けとなる手投爆薬の使用を明記した点も画期的といえた。

突撃教令の内容を具体的に確認してみよう。突撃準備と突撃実施の二章からなっており、次の事項が規定されていた。

突撃準備の章

①攻路の先頭が敵堡塁の手前約四十～百メートルに達したならば、敵塁突撃の際の足場となる突撃陣地を構築すること

②攻撃隊の隊長は、なし得る限りの手段を尽くし、絶えず偵察を行なうこと

③突撃陣地の前方に、突撃縦隊の数に応じ、少なくとも二個の攻路を設けること

④砲兵は堡塁を射撃して、攻路の前進を援護すると共に、突撃数時間前より堡塁に対して精密射撃を行ない、敵堡塁の掩蔽部（シェルター）・側防機関・機関銃を破壊し、破墻孔（突撃路となる胸墻の破壊部）を開設すること

⑤破墻孔は砲撃によって設けるが、砲撃効果が不十分な場合は、工兵の爆破によって造ること

①攻撃隊長は、部隊を突撃部隊・外部攻撃部隊・予備隊に区分し、突撃部隊は歩兵約一個中隊と工兵半小隊～一個小隊の数縦隊で編成すること
②突撃縦隊は、突撃に移る前に砲兵と確実に連絡を取ること
③突撃縦隊が胸墻の外斜面を占領しても敵が抵抗を続ける時は、胸墻に工事を施し、逐次に占領地域を拡大して、堡塁全体の占領を達成すること
④堡塁占領後は、咽喉（いんこう）部を改造し、敵の逆襲に備えること

突撃教令をわずか一昼夜で起案した井上の能力もさることながら、若手参謀の献策を信頼してその採用を決断した乃木の英断と幕僚の活用能力は高く評価されてよい。そして、乃木が献策を積極的に受け入れたことで、幕僚は乃木を献身的に補佐するようになり、軍司令部の団結力が強化されたのである。

二、前進堡塁に対する攻撃

前進堡塁の攻略

写真 3-1　東鶏冠山北砲台に向かう第四歩兵陣地
出典：大本営写真班撮影『日露戦役写真帖』第十一巻（小川一真出版部、1905年）

各師団は九月一日から攻撃作業に着手した。当初、攻撃作業計画には二〇三高地は含まれていなかったが、軍司令部が第一師団参謀長の提議を容(い)れて計画に含まれることとなった。ただし、それはあくまで助攻的位置づけに過ぎなかった。

十七日、軍司令官は、二〇三高地・龍眼北方堡塁・水師営南方堡塁に対する攻撃作業が進捗したため、本防御線の攻撃に先だってこれらを奪取することとし、攻撃再興に関する軍命令を出した。この命令では、第一師団が二〇三高地と水師営南方堡塁を攻撃、第九師団が龍眼北方堡塁を攻撃、第十一師団が前面の敵を牽制(けんせい)することになっていた。この前進堡塁に対する攻撃は、正攻法による攻撃の「試験」にしてかつ突撃教令の「試練」という性格を有していた（「井上日記」）。

なお、龍眼北方堡塁と水師営南方堡塁に対する対壕作業が、敵塁から約七十〜八十メートルの距離まで接近していたのに対し、二〇三高地に対する突撃陣地は敵塁から約五百メートル、南山坡山に対する突撃陣地は敵塁から約二百メートルと、攻撃作業が敵塁近くまで到達していなかった。したがって、二〇三高地と南山坡山に対する攻撃は、正攻法を旨とする軍の方針に反して、強襲的に実施せざるを得なかった。それにもかかわらず、対壕作業の進んでいた二堡塁に対する攻撃と同時に実施された理由は、一日も早く旅順港内に蟄伏する敵艦隊を撃破するため、港内の展望が良好な地点を占領し、軍艦射撃を実施する必要があったこと、砲弾の関係上なるべく各堡塁を同時に攻撃するのが有利であると考えられたことにある。

十九日、二〇三高地、南山坡山、龍眼北方堡塁、水師営周辺の堡塁群に対する攻撃が開始された。だが、二十日に第九師団が龍眼北方堡塁、第一師団が水師営南方の堡塁群および南山坡山を占領することに成功したものの、第一師団による二〇三高地攻撃は二十二日までに大損害を出して失敗に終わった。

第一回二〇三高地攻防戦

二〇三高地の戦闘を詳しく見てみよう。攻撃を担当したのは第一師団右翼隊である。十九日、後備第十六連隊第二大隊長の大杉東（アナーキスト大杉栄の父）率いる選抜隊が突撃を開始し、山脚に到達するも、その途中で周辺堡塁からの銃砲火を浴び兵力は約半数に減少してしまう。

二十日、右翼隊は二〇三高地西南角の第二線散兵壕の一部を占領した。これに衝撃を受けた全陸正面指揮官のロマン・コンドラチェンコ少将は保持不可能と考え、撤退に備えた命令を出している。この地を守るロシア軍守備隊の損害は甚大で、多くの中隊で生存者が約二十〜四十人にまで減少していた。そのため、四手井綱正「日露戦史講授録　第一篇」は、もしこの時日本軍がさらに圧力を加えていれば、二〇三高地を占領できたであろうと指摘している。

二十二日午前一時頃、二〇三高地の一角にしがみついていた右翼隊はロシア軍の逆襲を受け、後備第十六連隊長の新妻英馬、第十五連隊長代理の戸枝百十彦が負傷した。そこで、右翼隊長の友安治延は、後備第十五連隊長の香月三郎を指揮官として送り込んだ。前線に到着した香月は軽傷だった新妻・戸枝と共に、午前三時から約七時間の間に四度の突撃を実施したが、不成功に終わる。午前十一時頃、香月は残員を集めて極力奪取を強行したいと第一師団司令部に報告した。だが、報告を受けた参謀長の星野金吾は少し考え、「香月中佐に尚集め得る兵員は幾何かを聞いて見よ」と指示した後、「或は香月が茲で全滅を覚悟して居るかも知れぬ」と独語したという。そして、集め得る人員は三百十八人との報告が香月からあったため、星野は突撃成功の望みがないことを知り、現在地を固守するよう指示した（和田亀治「日露戦役に於ける経歴談」）。

午後五時頃、老鉄山のロシア軍野砲一個小隊が砲車を藁車に偽装して、二〇三高地の西南約五キロの地点に位置する老馬家南山に進出して陣地を占領し、約五分半で五十一発もの砲弾を連射した。これにより、右翼隊は撃退され、攻撃は中止に追い込まれた。

攻撃失敗の主因は、椅子山、大・小案子山、太陽溝および老鉄山などのロシア軍周辺堡塁・砲台からの支援射撃を撲滅できなかったことと、突撃陣地の位置が遠かったことにあった。

攻撃中止の報に接した乃木は、二〇三高地の奪取は我に大きな利益を与えると共に敵に苦痛を与えることは明瞭であるとしつつも、たとえ占領したとしても敵の死命を制することにはならないので、主攻撃を同高地に変更したり、この地を攻めるために主攻撃方面の兵力を投入することはできないと判断、その後の処置をしばらく第一師団長の独断に任せる決断を下す。そして、二十六日になり、二〇三高地は重砲などを増加しなければ陥落の見込みなく、攻撃作業実施の必要もあるとして、攻撃を中止する命令を発令した。

二度目となる攻撃失敗を知った陸軍中央部では、軍司令部の作戦能力を疑問視する者が現れ始めた。寺内正毅は、「実に可惜事（おしむべき）なり。要するに予は軍司令官の計画の密ならざるを歎（たん）ず」と、日記内で乃木の用兵を非難。また、大本営運輸通信長官の大沢界雄（おおさわかいゆう）は、軍司令部の不手際が明瞭になったとして、軍司令部要職者を更迭するのが良策であると日誌に書き込んでいる。この地の攻撃に失敗したことで、早くも乃木更迭の気運が醸成され始めたのである。

かくして前進堡塁攻略戦は終了した。第三軍は、二〇三高地こそ占領できなかったものの、龍眼北方堡塁、水師営周辺の堡塁群および観測地として利用可能な南山坡山を占領しており、概ね作戦目的を達成できたといえる。

日本軍の死傷者は四千八百四十九人で、死傷率（約十八パーセント）は第一回総攻撃の約半分近くまで低下した。突撃陣地の位置がこれらの堡塁に近かったため、意外に少ない損害で比較的容易に占領できたのだ。その結果、攻撃作業に対する部隊の信頼が増し、軍全体の攻撃作業が活気を呈し始め、進捗の度合いも上昇することとなった。正攻法は試験に合格したのである。

二〇三高地の防備は弱かったのか？

ところで、通説では、第一回二〇三高地攻防戦の時点では、同高地の防備は堅固でなかったとされている。たとえば、長岡外史は、「二〇三高地には九月中旬迄には山腹に僅(わず)かの散兵壕があるのみにて、敵は茲(ここ)に何等の設備をも設けなかった」とし、第一師団が九月二十二日に「今一(いまひ)と息奮発」して攻撃していれば、完全に占領できたと主張している（『長岡回顧』）。だが、これに対し、大庭二郎は、「二〇三高地の攻撃が成功しなかったのは遺憾に堪えないが、敵の陣地防御工事が極めて堅牢(けんろう)であり、鉄板・大木材を使用していたので、十二サンチ榴弾砲弾はこれを破壊することができず、そのため突撃隊は多大の損害を被り、二〇三高地を占領できなかった」（現代語訳）と日記に記している。

どちらの主張が正しいのであろうか？　旅順攻囲戦に参加したロシア軍参謀のコスチウッコが執筆した『旅順に於ける二〇三高地の戦闘』には、二〇三高地の築城工事は明治三十七年五月から始まり、八月二日以降は盲障掩蔽部（堅固な屋根付きのシェルター）と掩蓋(えんがい)銃眼（屋根付き銃眼）を持つ強堅無比な散兵壕を有する堅固な陣地が構成され、その後、散兵壕の盲障掩蔽部は十五サンチ榴弾を確実に防護できるよう、軌鉄（レール状の鉄棒）と厚さ約十三ミリの鋼鉄板を使用し強化改良された、と書かれている。

つまり、九月中旬時点における二〇三高地の防御設備は、長岡の指摘と大きく異なり、十二サンチ榴弾砲弾ですら破壊困難な相当堅固なものであったのだ。

では、あともう一押しすれば二〇三高地は取れたというのはどうであろうか？　第一師団は九月の攻撃の失敗後に、部署を改めて攻撃再興を希望したが、軍司令部は砲弾不足を顧慮して認めていない。実はこの時期、主攻方面以外での攻撃実施は、砲弾が不足していたため極めて難しかったのである。この窮境を大庭は日記の中で次のように説明している。

「軍は攻撃を企画する際に、必ず弾丸の数を限り、一門何発との制限を設けた。二〇三高地攻撃開始の時、第一師団は野砲各二百発を所有していたが、そのうち約七十～八十発の使用を許可した。この攻撃に際して、第一師団には野戦重砲三中隊、海軍砲五門を配属したが、野戦重砲の弾数は約五十～六十発に制限した。〔中略〕第一師団にはその他に野戦砲兵第十七連隊が所属していたが、この部隊の弾数も約七十～八十発に制限した。だが、二〇三高地攻撃は容易に決着がつかず、各砲は所有する砲弾をほとんど撃ち尽くし、九月二十二日の朝の時点で、第一師団の野砲はわずかに三十余発を保有していたに過ぎなかった」。

つまり、あともう一押ししていれば二〇三高地を占領できたという長岡の批判と異なり、第三軍は砲弾不足のためそれ以上の攻撃続行が不可能な状況にあったのだ。

そのため、軍司令部は、①南山坡山占領により、旅順港内の敵艦の観測が多少は可能になったこと、②九月中に据え付けが完了する予定の二十八サンチ榴弾砲により港内射撃が可能であることから、多大の人命と砲弾を費やして軍の攻撃力を消耗するのは不得策であると考え、二〇三高地の攻撃を断念する決断を下した。大庭は、当局者が「兵器行政を誤った責任は免れることはできない」と述べているが、至言であろう（以上、現代語訳）。つまり、兵器行政の責任を有する陸軍省当局者は、砲弾消費量の予測を誤り、戦争前に十分な数の砲弾と砲弾製造能力を準備・整備できなかったのだ。

このように通説と異なり、九月の段階で二〇三高地は、十二サンチ榴弾砲の砲弾ですら破壊困難なほど堅固な防御工事がなされており、また軍司令部が第一師団による攻撃続行の希望を却下せざるを得ないほど、砲弾不足は深刻だったのである。

児玉源太郎の旅順視察

こうしたなか、旅順攻略の進捗状況を気にする児玉が、九月中旬から十月初旬にかけて旅順を視察している。彼は、九月十五日に満洲軍参謀の田中義一と東正彦（ひがしまさひこ）を連れて旅順に向けて遼陽を出発し、十八日に旅順に到着、十月二日に旅順を離れるまで、大連と旅順を往復する生活を送っていた。

児玉は、十九日と二十日に実施された前進堡塁に対する攻撃を、乃木と一緒に高地から観戦した。二十日、前進堡塁に対する攻撃を攻城山から観戦していた児玉は、二〇三高地に対する攻撃の不進捗を不満に感じ、「歩兵が相変らず躊躇（ちゅうちょ）してゐたからだ」と不満の声を発する。

これを聞いた攻城砲兵司令部高級部員の佐藤鋼次郎が、敵陣地の掩蓋が堅固なので十五サンチ以上の榴弾砲でなければ破壊できないのに、それ以下の火砲しか使用しなかったため、敵兵の籠る掩蔽部が破壊できなかったのが攻撃失敗の原因である、歩兵は悪くないと弁護論を展開。これに対し児玉は「なぜ軍は其掩蔽部を破壊し得られる丈けの力ある火砲（十五サンチ榴弾砲）を、第一師団の方面に持って往かなかったのか。軍は何時も二兎を追うから駄目だ」と述べ、第三軍の重砲運用を批判している（以上、『佐藤回想』）。

児玉の旅順視察は三つの点で効果的であった。第一に、児玉は要塞戦の実況について理解を深めることができた。児玉は視察結果に基づき、九月二十八日に満洲軍総司令官に宛てた電報で旅順攻撃計画を披瀝している。それによれば、児玉の攻撃計画は、①観測拠点南山坡山を利用した敵艦に対する間接砲撃と、二〇三高地および二龍山・松樹山二堡塁の占領、②ある一点からの大突撃による要塞攻略の二段階案であった。

第二に、砲弾不足の現状を実視した児玉は、重砲弾や野砲弾の補充を斡旋して第三軍の窮状を改善している。たとえば、九月二十二日に第一師団の野砲弾が三十余発（総数か一門当たりかは不明）になると知るや、児玉はただちに二千発を支給し、第一師団の苦境を救った。また、二十八日には、陸軍大臣と交渉して、野砲弾の製造数を調整して、重砲弾三万発の製作を優先させる措置をとらせている。

第三に、後述するように、二十八サンチ榴弾砲の火力に感銘を受けた児玉が、同砲の増加要請を出したことだ。これにより第三軍の火力は大きく向上することとなった。

三、第二回旅順総攻撃の攻撃準備

二十八サンチ榴弾砲の運搬と据え付け

二十八サンチ榴弾砲は、元来、要塞に固定配置して敵艦艇を砲撃する海岸砲であり、野戦や要塞攻略のために使用されることは想定されていない。当時は十二サンチ級の火砲でさえ、一戦闘が終了するまで陣地変換しないことが原則とされており、開戦前に由比光衛（ゆひみつえ）（参謀本部第二部部員）が大陸での二十八サンチ榴弾砲使用を主張して「突飛」であると一笑に附されている（『谷戦史』）。砲身だけで約十一トンもの重量のある大口径重砲を攻城戦に使用することと自体が、日本軍の「独創」にかかる「空前の事蹟（じせき）」であったのだ（参謀本部編『戦史及戦術の研究第二巻』）。しかも、同砲は、単に重量が重いだけでなく、据え付けにも手間がかかり、鉄骨とコンクリートで地中に砲床を築設したうえで、匡床（きょうしょう）、架匡（かしょう）、砲架、砲身の順で組み立てを行なう必要がある。では、この巨砲をどのようにして国内要塞から撤去、運搬し、砲台に据え付けたのであろうか？

写真 3-2　運搬中の 28 サンチ榴弾砲

出典：大本営写真班撮影『日露戦役写真帖』第八巻（小川一真出版部、1905 年）

旅順攻囲戦への投入決定後に、内地の要塞に配備されていた二十八サンチ榴弾砲の取り外しを開始したならば、長時日を要していたことは間違いない。しかし、幸運なことに、バルチック艦隊の東航に備え、八月五日に、東京湾要塞・芸予要塞・下関要塞に配備されていた合計三十門を、九月十日までに朝鮮半島の鎮海湾・大連湾・対馬大口湾に到着させるようにとの通牒が出されていた。そして、第一回総攻撃失敗後に、寺内正毅・石本新六・有坂成章ラインで同砲の旅順投入が決定されると、すでに転用されていた同砲を利用し、鎮海湾備え付け予定の十二門の内の六門を大連湾に送付して、第三軍に支給せよとの通牒が出されることとなった。

旅順投入決定後に、内地の要塞から取り外

して輸送を開始するのと違い、バルチック艦隊東航に伴なう港湾防衛目的ですでに移動が開始されていた一部を利用したため、同砲の旅順への輸送時間は短縮できたのだ。

要塞砲専用運搬船「砲運丸」などで大連まで輸送された二十八サンチ榴弾砲は、大連港から東房身まで鉄道輸送され、そこから砲台までは補助輸卒が橇車や轆轤（重量物の下に敷いて転がす円柱形の道具）を使用して人力で運搬した。砲身一門を運ぶだけで、七トン貨車二輛、人員約二百五十人（砲身・架匡・砲架合計で約五百人）を要した。運搬速度は一時間平均約七百～八百メートルであったという。また、敵前での作業となるため、敵に曝露する道路脇にはあらかじめ背の高い高粱を移植するなどして偽装が施された。

砲床には、有坂が開発した急造ベトン製の臨時特設砲床が使われ、工事着手後十五～十八日で据え付けが完了した。

据え付け工事を行なったのは、第三臨時築城団の備砲班（班長、横田穣）である。横田は、攻城砲兵司令官の豊島陽蔵による「何日間にて竣工せしむる覚悟や」との問いに対し、本来であれば一ヶ月の工程であるが、急を要する敵前工事であるため晴天十八日間で砲床築設、運搬、組み立てなど一切の作業を完了する計画であると答えたという（横田穣「旅順口攻撃に二十八珊知榴弾砲据付工事の思出」）。

新史料の「廿八珊米榴弾砲々床築設及火砲据付予定」によると、横田立案の据え付け計画は、概ね次のようなものであった。

九月六日開始　晴天十八日で完成予定
第一～第五日　器具運搬・基礎掘開作業など
第六～第十二日　基礎ベトンの流し込み・モルタル作業など
第十三～第十五日　木材据え付け作業など
第十六～第十八日　鉄板据え付け作業・砲床検査など

これによると、臨時特設砲床は、ベトン、木材、鉄板などで組み立てられていたようだ。開始日こそ一日遅れて九月七日となったものの、据え付け作業は予定通り十八日目の二十四日に完了した。平時において、要塞への据え付けには約六ヶ月を要していたので、砲床開発者の有坂そして横田率いる備砲班の功績は大きいといえよう。

そして、十月一日、団山子・王家甸子（おうかでんし）・鄧家屯（とうかとん）の各砲台に配置された合計六門の二十八センチ榴弾砲は、乃木と児玉らが見守る中、第一発を放ち、予期以上の命中精度と破壊力とを発揮した。これに強い印象を受けた児玉は三日に、二十八サンチ榴弾砲が旅順攻撃に「偉大の援助」を与えているので、さらに六門を追加投入すべきであるとの意見を参謀総長に打電し、投入が実現している（「陸軍との交渉及協同作戦」）。その結果、当初六門であった二十八サンチ榴弾砲は、最終的に十八門にまで増強され、旅順に発送された砲弾数は約一万八千発（一門平均約一千発）に及んだ（表3‐3参照）。

二十八サンチ榴弾砲の威力はロシア軍にも衝撃を与えた。コンドラチェンコ少将は同砲の威力、攻撃作業の進捗および守備兵の激減などから旅順陥落が近いと判断し、ステッセル中将に対し、ロシアの名誉を傷つけないという条件で、陥落前に講和を締結するよう、ロシア皇帝に上奏したらどうかと意見具申している。

二十八サンチ榴弾砲の威力

ところで近年、二十八サンチ榴弾砲の威力に関して、疑義が呈されている。そこで、旅順攻囲戦における同砲の威力について、堡塁に対する効果と、旅順艦隊の艦艇に対する効果との二つに分けて、ここで確認しておきたい。

まず、堡塁に対する威力についてであるが、この点に関し、『公刊戦史』第六巻は、十月二十六日に二十八サンチ榴弾砲弾が東鶏冠山北堡塁のベトン製アーチを貫通して内部で炸裂（さくれつ）し、機関銃三挺（ちょう）をはじめとする多数の武器資材を破壊したと記述する。また、十二月十五日には東鶏冠山北堡塁のベトン製掩蓋内に侵徹して爆発し、旅順要塞内で信望を集めていた有

表3-3　前進陣地攻略より本防御線攻略まで約6ヶ月間の日本軍火砲の消費弾薬数

	砲数	消費砲弾数	1門当たり
28サンチ榴弾砲	18	16,662	925.6
その他の榴弾砲・加農砲	88	82,541	937.9
臼砲	96	52,710	549
野砲・山砲	160	128,994	806.2
海軍重砲	41	65,227	1,591
合計	403	346,134	858.8

※28サンチ榴弾砲は砲数が少ないものの、1門当たりの発射弾数が多いことがわかる。
※28サンチ榴弾砲の大多数の砲弾は堅鉄弾。堅鉄弾は、無筋コンクリート1.8mを貫通する。旅順要塞の防壁は無筋コンクリート換算で約1m（1.3mとも）なので、効果を発揮した。
※海軍重砲は、47ミリ速射砲12門を含むと共に、海軍と調査源を異にするので、表2-1と数値が異なる。
※本文の28サンチ榴弾砲の砲弾数は発送数であり、消費数を示す表の数値とは若干異なる。
出典：第三軍司令部編刊「旅順要塞攻撃作業詳報」（1906年）789～791頁

能な指揮官のコンドラチェンコ少将を戦死させたのは有名な話である。それゆえ、二十八サンチ榴弾砲は、堡塁のベトンを破壊できる日本軍唯一の火砲といえた。しかも、命中精度も良好で、『日露陸戦新史』は、第二回総攻撃の際の命中率は約五十五パーセントに達したと記す。

　ただし、限界もあった。確実に威力を発揮できる限度が、土層一メートル、ベトン厚一メートルの構築物、もしくは二発同一点に命中した場合でベトン厚一・五メートルの構築物までであったことだ。そのため、松樹山堡塁の側防穹窖（ベトン厚一・二メートル）に対しては単一弾で辛うじて効力を期待できたが、二龍山堡塁や東鶏冠山北堡塁のベトン製側防穹窖に対しては二発以上の砲弾が同一点に命中しないと効力がなく、三堡塁の側防穹窖は、砲撃ではなく、工兵の爆破により破壊せざるを得なかったと、『戦史及戦術の研究第二巻』は指摘している。

また、二十八サンチ榴弾砲弾は、もともと軍艦射撃用に設計されていたため、信管の調整が難しく、不発弾が多いという欠点があった。そのため、ロシア軍が不発弾を回収して日本軍に向けて撃ち返している。

次に、旅順艦隊の艦艇に対する効果を考えてみよう。観測地としての価値を持つ二〇三高地確保後、日本軍は二十八サンチ榴弾砲を使用して、旅順艦隊の艦艇に対し間接射撃を実施している。その効果に関しては、近年『明治三十七八年戦役陸軍政史』に収録された「旅順港引揚戦艦に対する二十八珊米榴弾砲命中弾に関する実地調査報告」を典拠に、旅順艦隊の艦艇はキングストン弁を開いて自沈したのであり、同砲の砲撃は致命傷にはならなかったとの疑義が呈されている。

しかし、史料を正確に読むと、調査報告が二十八サンチ榴弾砲の効果を全否定しているわけではないことに気づく。

防護巡洋艦「パルラーダ」に対して実施された、実地調査の報告書の論旨は次のようなものだ。まず、二十八サンチ榴弾砲弾による損害の状態は、「未だ艦体の致命傷たるを認定し

表3-4　28サンチ榴弾砲の対艦射撃成績（明治37年12月5日～9日）

艦種	艦名	発射弾数	命中弾数	有効弾数	結果
戦艦	セバストーポリ	61	不明	不明	明治37年11月8日港外逃亡後、明治38年1月2日自沈
戦艦	ポルタヴァ	31	2	1	12月5日沈没
戦艦	レトヴィザン	52	8	6	12月6日沈没
戦艦	ペレスヴェート	316	48	23	12月7日自没
戦艦	ポベーダ	117	15	7	12月7日沈没
防護巡洋艦	パルラーダ	206	26	13	12月7日沈没（日本側調査では自沈）
防護巡洋艦	バヤーン	317	41	28	12月8日沈没
水雷敷設艦	アムール	54	2	0	12月8日沈没
砲艦	ギリヤーク	55	12	5	12月8日沈没

出典：「旅順攻囲軍参加日誌　其2」（JACAR Ref.C09050759300、防衛研究所戦史研究センター所蔵）、露国海軍軍令部編纂『千九百四、五年露日海戦史』下巻（芙蓉書房出版、2004年）192～207頁

難し。従て、沈没の原因は、之を他に帰せざるを得ず。今引揚当時に於ける海軍当事者の言に依れば、各艦共艦底に於る『キングストン』は悉く之を開放しあり」とあり、ここだけを読むと、砲弾が「パルラーダ」に直接的な致命傷を与えておらず、「パルラーダ」がキングストン弁を開いて自沈したかのように読める。

だが、この文章には次のような続きがある。「我砲弾の命中漸く精度を加へ、艦内の起居益々困難なるに及んで、百計苦心の末、艦体を水底に沈没せしめて砲弾の命中を避け、以て婆艦隊〔バルチック艦隊〕来援の時機に至るまで艦体の無事を僥倖

せんと企図したる結果、彼自ら『キングストン』を開放」して沈没させた。したがって、二十八サンチ榴弾砲命中弾の効果は、「間接なる沈没の原因」として認めるのが「適当なる判断」である。

つまり、実地調査報告は、①二十八サンチ榴弾砲弾が「パルラーダ」に直接的な致命傷を与えておらず、直接の沈没原因は自沈にあるとしながらも、②自沈に追い込んだのは同砲弾であり、その効果は間接的な沈没原因として認定できると分析しているのだ。自発的に自沈するのと、追い込まれて万事休すとなり艦体保護を企図して自沈するのとでは、大きな相違がある。しかも、ロシア海軍軍令部編纂(へんさん)の『千九百四、五年露日海戦史』下巻によると、自沈したのは戦艦「ペレスヴェート」のみとなっている(表3-4参照)。

以上をまとめると、二十八サンチ榴弾砲は、黒色炸薬を詰めた旧式鋳鉄弾(堅鉄弾)を使用していたため、一発で致命傷を与える威力こそ不足していたが、命中弾の開けた破孔からの浸水により敵艦艇を撃沈させる威力や、自沈に追い込むだけの間接的威力はあったということになろう。

攻撃作業の進展

前進堡塁攻略戦末期の九月二十一日、井上幾太郎が、二龍山堡塁および松樹山堡塁に対し攻撃作業を行なう必要性を軍司令官に意見具申し、その採択を受けている。その結果、二十三日以降、第一師団は二〇三高地と老虎溝山、第九師団は盤龍山北堡塁と二龍山堡塁、第十一師団は東鶏冠山北堡塁、東鶏冠山第一堡塁、東鶏冠山第二堡塁および東鶏冠山砲台に対する対壕作業を進めることとなった。

さらに、十月八日、軍司令部は、二龍山堡塁と密接不離の関係にある松樹山堡塁を同時に奪取することとし、第一師団に対し二十日までに松樹山への攻撃作業を完成させるようにとの命令を出している。本来であれば、第九師団が両方の攻撃を担当するのが望ましいが、戦力に余裕がないため、第一師団に松樹山堡塁の攻略を担当させたのだ。

対壕作業は、堡塁・砲台に接近するにつれて、ロシア軍による出撃や銃砲撃などによる妨害を受けたため、進捗しなくなった。この時活躍したのが今沢義雄率いる攻城工兵廠である。攻城工兵廠はロシア軍による妨害活動に対抗すると共に要塞攻撃を有利に進めるため、迫撃砲、手擲弾（手投爆薬、現在の手榴弾）、防楯などの特種兵器を考案した。

突撃に際しては砲兵の支援射撃が必須となる。だが、突撃地点から遠距離に位置する砲兵は突撃部隊との連絡が困難であるため、適時適切な支援射撃を行なえない欠点があった。そこで、この欠点を補い、遮蔽物に隠れる敵兵や敵機関銃をタイムリーかつ適切に制圧できる移動容易な擲射砲（湾曲弾道を描く砲弾を発射する火砲）として、十月初旬に創製されたのが迫撃砲である。

最初に発明されたのは木製の十二サンチ迫撃砲で、一・六キログラムの炸薬（黄色火薬、綿火薬またはダイナマイト）を詰めた擲弾（てきだん）や焼夷弾（しょういだん）を百〜三百メートル飛ばすことができ、十月二十六日に実戦で初使用された。十二サンチ迫撃砲の効果が大きかったため、爆破力を高めるために、炸薬量を五・四キログラムに増やした十八サンチ迫撃砲も開発されている。

旅順攻囲戦間に消費された迫撃砲と弾薬の数は、十二サンチ迫撃砲百三門で擲弾一万九百発余り、十八サンチ迫撃砲二十三門で擲弾七百八十発に及んだ。

特種兵器の開発

旅順では大・小孤山の戦い以後、ロシア兵が手榴弾を投擲し日本軍の突撃準備を妨害したり、突撃を頓挫（とんざ）させたりする事例が多く見られた。そこで、日本軍も黄色火薬または綿火薬を木綿片に包んだ手擲弾を急造し、突撃の際や窖室（こうしつ）内の戦闘などで使用し、大きな効果を収めた。手擲弾は後に黄色火薬または綿火薬とダイナマイトを混用した百〜二百五十グラムの炸薬を入れた竹筒や、ブリキ缶に雷管および導火索（どうかさく）の点火装置を附したものに改良されている。手擲弾は接近戦で有効であったため、戦場によっては小銃よりも重用され、旅順攻囲戦間の消費量は四万四千個余りに上った。

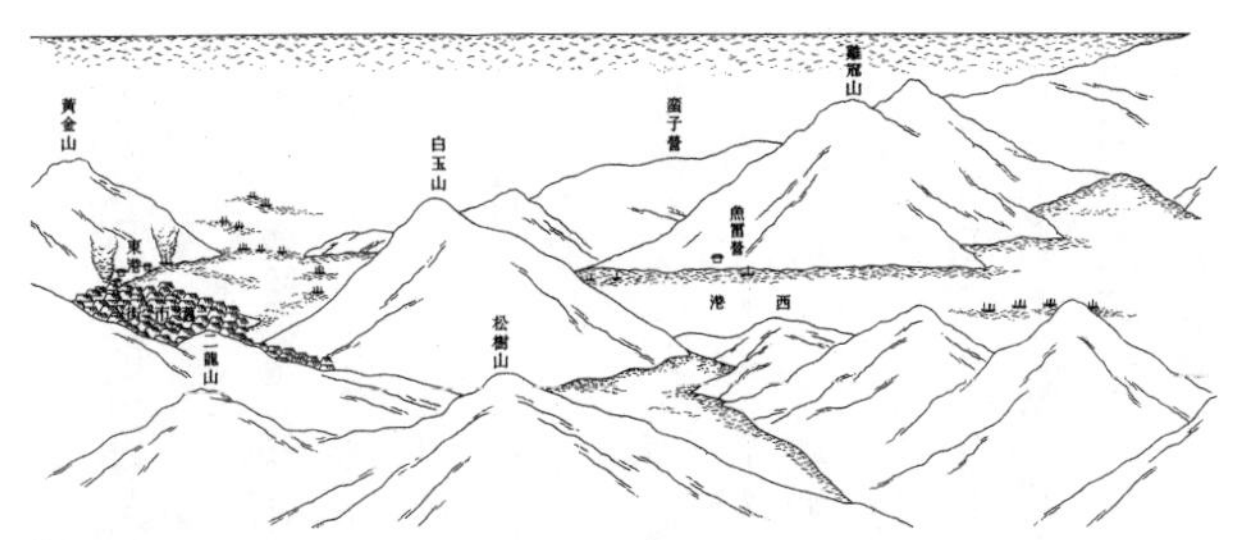

図3-2　曹家屯南方から気球で観測した旅順港（8月24日）

出典：参謀本部編『明治三十七八年日露戦史』第六巻附図（東京偕行社、1914年）附図第三

また、主として攻撃作業に従事する将兵を、敵弾から守る目的で開発されたのが防楯である。防楯には、伏射防楯（掩体代わりに使用した長さ約六十センチ、高さ約三十センチの銃眼付きの楯）、対壕頭防楯（幅約六十センチ、高さ約一・八メートル、厚さ約一センチの鉄板に支柱をつけた楯で、作業地点の先頭に並べて作業兵を守った）、転送防楯（厚さ約一センチの鉄板三枚を蝶番で綴じた開閉式の楯で、同じく作業時に並べて使用した）、手擲弾防楯（敵の手擲弾をはね返し、爆発しても安全なところまで落下させる楯）の四種があった。伏射防楯で百メートル以上の位置から放たれる小銃弾を防護できたという。使用数はそれぞれ約九百個、約三百三十個、八個、約六百七十個である。

だが、このような努力にもかかわらず、ロシア軍は執拗に抵抗を続けた。そこで日本軍は、正攻法作業を全面的に夜間作業へと切りかえる。将兵は、昼間に土嚢に土を詰め、夜間にそれを運んで遮蔽物とし、その後方で壕を掘ったのだ。それでも、敵前三百メートル以内を前進し、敵前百メートルのところに突撃陣地を構成するまで、地質が最も堅硬な土地においては、平均二十六日間を要した。

ロシア艦艇砲撃と砲弾不足

第三軍は、連合艦隊に対する配慮もあり、攻撃作業と並行して、旅順港内のロシア艦艇を砲撃する必要があった。そこで、南山坡山を占領すると、陸戦重砲隊はここに観測所を設置して九月二十八日から艦艇射撃を開始。十月二日からは二十八サンチ榴弾砲も艦艇射撃に加わった。

砲撃結果は良好で、戦艦「ペレスヴェート」、「ポベーダ」、「セバストーポリ」などに命中弾を与えている。だが、旅順艦隊が南山坡山観測所の死角となる旅順東港と白玉山南麓(なんろく)に移動したため、八日に至って弾着観測が不可能となり(図3-2参照)、以後、散布射撃(目標が所在すると思われる地点に射弾をまき散らす射撃法)以外に方法がなくなってしまった。

十月十日、第三軍は、満洲軍総司令部より、「二十八サンチ榴弾砲は五、六発の命中弾を与えても敵艦を撃沈滅させることはできないので、貴重な同砲砲弾は散布射撃に使用せず、総攻撃の際に攻撃点に向け集中投射した方が良い」と書かれた電報を受領する。さらに同日、大本営派遣参謀の筑紫熊七(つくしくましち)からも、「二十八サンチ榴弾砲は敵艦の防御甲板を貫通し難いの

表3-5　総攻撃での日本軍消費弾薬数

	小銃弾	野砲・重砲弾　（一門平均）
第一回総攻撃	2,681,469	113,595　（295.8）
第二回総攻撃	1,509,588	44,955　（104.7）
第三回総攻撃	3,273,836	51,964　（121.9）

※小銃弾は歩兵に限る。
※第二回総攻撃での火砲1門平均消費弾が最少であることに注意。日本の国力で、「一門三百発」という第三軍の希望を満たすことは無理な話であった。
出典:陸軍省編『日露戦争統計集』第十二巻(東洋書林、1995年) 231〜237頁

で、ロシア軍の艦船修理能力を奪うため修理施設とドックを掃射するよう、海軍が希望している」と書かれた鋳方徳蔵（大本営参謀）の通報を見せられていた。つまり、散布射撃の中止を勧める満洲軍に対し、大本営は射撃の継続を希望したのである。しかも、連合艦隊司令長官が散布射撃を不断に実施することを切望していた。

そこで、決心の岐路に立たされた乃木は、連合艦隊との協調を優先し、観測が十分に行なえる時は敵艦を射撃し、その他の場合は少数弾薬をもって擾乱射撃（休息の妨害や士気低下を狙った砲撃）を行なう決意を固める。

当時、第三軍は第二回総攻撃を目前に控えながら、極度の砲弾不足に悩んでいた。十月十五日の一門平均弾薬現在数は、野砲が榴弾四十発、榴霰弾七十四発、山砲が榴弾十九発、榴霰弾百一発。そこで、十六日に軍参謀長は、参謀本部の長岡外史に対し、第二次・第三次増加分の二十八サンチ榴弾砲の据え付け完了を待って、十月二十七、二十八日頃に総攻撃を実施する予

定なので、それまでに少なくとも「一門三百発」になるよう野山砲弾を補給して欲しいと打電する。だが、長岡からは回答がなく、満洲軍参謀の井口省吾から、「以後、野戦砲弾の補給は総司令部に申請するように。目下のところは現有の砲弾数で満足しなければならない」との電報が入る。

これに対し第三軍は、総司令部の児玉に宛てて、来たるべき総攻撃のため野山砲弾が必要であると打電。しかし、児玉からの返電は、「貴軍の砲弾不足は承知している。だが、主決戦方面である当方面の砲弾は貴軍方面と比較にならないほど不足している。しかも、いつ大戦闘が生起するかわからない状況なので、第三軍に野戦砲弾を補給することは絶対にできない。〔中略〕もし、野戦砲弾不足のため総攻撃を実施できないのであれば、遺憾ながら総攻撃の実施を延期するしかない」というものであった（以上、要約。「四手井講授」）。

要塞攻撃に際しては、重砲の他に迅速かつ精密な射撃を行なえる野山砲が必要不可欠である。しかし、沙河会戦直後であったこともあり、満洲軍は第三軍と同様に極度の砲弾不足に直面し作戦を掣肘（せいちゅう）されていたため、第三軍に対し野山砲弾を補給できなかったのだ。乃木には児玉の意見に従い、総攻撃の実施を延期する選択肢もあり得た。だが、乃木は、総攻撃を延期したとしても、毎日幾何かの砲弾を射耗しなければならず、所有砲弾が減るだけであること、当分砲弾補給の見込みもないこと、およびバルチック艦隊東航に対する海軍の焦慮を理由に、要塞攻撃に不可欠な野山砲弾を欠いたまま総攻撃を実施する決断を下したのである。

四、第二回旅順総攻撃

作戦計画をめぐる満洲軍と第三軍の対立

第二回総攻撃計画は、主攻を松樹山から東鶏冠山にわたる東北正面に向け、唯一のベトン破壊兵器である二十八サンチ榴弾砲を主体とした四日間にわたる総砲撃（攻撃準備射撃）の後、第一師団が松樹山堡塁を、第九師団が二龍山堡塁を、第十一師団が東鶏冠山と同北堡塁を攻撃し、これが成功したら後方高地一帯に進出するというものであった（三堡塁同時攻撃、広正面案）。乃木とその幕僚は、東北正面突破の望みを攻撃作業の進捗と二十八サンチ榴弾砲の破壊力とに賭けていたのだ。

だが、十月十八日、この計画を知った児玉は、各師団に各個の攻撃点を指示するよりも、砲弾と兵力を一点に向けて集中するのが得策であるため、第十一師団を第九師団と共に盤龍山方面から二龍山に向かわせた方が良いと伝える（松樹山・二龍山堡塁同時攻撃、二龍山堡塁からの一点突破案）。さらに、二十四日には、攻撃正面が広すぎ前回同様の失敗を繰り返す恐れがあるので再考を望むと述べ、作戦計画の変更を求めた。

しかし、①一つの堡塁に戦力を集中して攻撃する案は、密接な相互支援関係にある他の堡塁・砲台から側射・背射（側面と背後からの射撃）を受けるので実行困難であること、②一堡塁ずつ逐次攻略を実施するために必要な砲弾がないことを理由に、第三軍は作戦計画を変更しなかった。

果たしてどちらの案が正しいのであろうか。地図で確認すると、児玉案では第十一師団は盤龍山方面より二龍山方面に向かい、敵前で側面運動をすることになる（第三章冒頭図参照）。しかも一点突破案では、盤龍山を境としてその東西どちらかを攻撃することになるが、目標以外の堡塁からの側射・背射を受けやすく、攻撃や奪取後の確保が困難である。堡塁・砲台が密接に支援しあっている要塞戦では、野戦と異なり、一点突破は集中攻撃を浴びて失敗しやすいのだ。それゆえ、この場合、第三軍の広正面案の方が戦術的に妥当であるといえた。

作戦会議、強襲実施を決める

十月二十六日午前八時三十分、二十八サンチ榴弾砲が第一発を放ち、第二回総攻撃が幕を開ける。第三軍は初日のうちに敵の昼食時の虚を突いて盤龍山北堡塁を占領、総攻撃は順調に進むかに見えた。だが、攻撃準備に不備があった。総攻撃前における攻撃作業の進捗状況は師団ごとにバラつきがあって、各師団は突撃実施までになるべく敵に近く突撃陣地を構成し、外壕通過設備（外壕通過に必要な、側防穹窖の破壊、外岸降下路、内岸攀登路といった設備）を完成させる必要があり、このまま突撃開始日を迎えると、敵堡塁への突入を強襲法で実施せざるを得なかったのである。そのため、二十五日下達の総攻撃に関する軍命令は、総砲撃間も攻撃作業を実施することと、突撃日時を別命で指示する旨を規定していた。

二十八日、乃木は、砲撃の効果と各師団の作業状況を聴取するため、各師団長と砲兵旅団長を攻城山に召致し作戦会議を開催する。会議では、二十八サンチ榴弾砲の砲撃効果はすこぶる良好と判定されたが、攻撃作業が未完成であることが判明した。すなわち、東鶏冠山北堡塁に対する第十一師団のそれは、予定の地点に到達し突撃を待つ状態にあったが、松樹山堡塁と二龍山堡塁に対する第一・第九師団の攻撃作業は、いまだ外壕通過作業の途上にあったのだ。そのため、第一師団長の松村務本から突撃延期の要望が出された。

だが、乃木は、突撃を延期しては今までに得た砲撃の効果を利用できなくなるとして、多少の犠牲を覚悟して、三十日午後一時に突撃を開始する決断を下した。二十八サンチ榴弾砲の砲撃により目標の大部分は破壊されたので、「歩兵の突撃は容易」だと判断したのである（「井上日記」）。その結果、第二回総攻撃は完全な正攻法とはならずに、敵堡塁突入を強襲法で行なう、正攻法・強襲法併用の形となった。

第二回総攻撃の失敗とその原因

作戦会議前日の十月二十七日、第三軍に悲劇と僥倖が訪れていた。松樹山・二龍山・東鶏冠山北の三堡塁中、作業開始が最も早かった東鶏冠山北堡塁に対する攻撃作業では、すでに二十日から坑道作業（地中作業）が開始されていた。二十七日午後一時頃、坑路内で突然大爆発が起き、作業手四人と歩兵一人が肉片すらとどめず粉砕され、坑路匡（こうろわく）（坑道内の壁面崩壊を防ぐ補強材）が倒壊する悲劇が発生する。防御坑道を掘っていたロシア軍が坑道を爆破したのだ。だが、この爆破は直径約二十メートルの噴火孔を作り、外壕前の鉄条網を破壊して進路を形成し、さらに、外岸穹窖の奥壁を露出させるという僥倖をもたらした。

早速、第十一師団は翌二十八日にわたり四回の爆破を実施。ベトン製の奥壁に高さ二メートル、幅二メートル五十センチの破壊孔を作り、三十日遂に外岸側防穹窖右方窖室の占領に成功した（51頁の図1-1参照）。

また、二龍山堡塁を攻撃中の第九師団では、二十七日、防弾のための土嚢を身にまとった斥候による決死の偵察活動により、外壕の幅と深さや、外壕内が東西の隅にある穹窖により側防されていることが判明。こうして、ようやく永久堡塁の構造が判明し始めたのである。

三十日、各師団の突撃隊が各目標に向け突進を開始した。二龍山堡塁を攻撃する第九師団は、外壕通過のために四つの手段を準備していた。第一手段が長さ十四メートルの携帯橋である。だが、架橋作業は長さ不足とロシア軍の手榴弾が原因で失敗に終わる。第二手段は長さ八メートルの梯子(はしご)であったが、外壕の深さが約十メートル以上あったためこれも用をなさなかった。第三手段は土嚢・高粱束を投げおろし外壕を埋める策だが、外壕の幅や深さが大きすぎたため、壕底の一部を埋めるのみで頓挫してしまう。そこで最終手段として外岸を爆破し斜坂を作る挙に出たが、これも失敗に終わった。

　第一師団の松樹山堡塁攻撃も第九師団の攻撃と似たような光景が展開された。土嚢約四百個余りが外壕に投入されたものの、壕底の一部を埋めただけで終わった。そればかりか、攻撃隊長の山田記憤が四日に及ぶ砲撃の効力を過信して敵の本格的抵抗を予期しないまま、側防穹窖に関する詳細な知識のない小隊長に突撃を下命。その結果、一部の将兵が外壕内に突入したものの、側防穹窖から集中砲火を浴びて突撃隊は壊滅した。

　三堡塁の中で戦いの様相が異なったのが、第三軍で唯一、坑道作業に着手していた第十一師団による東鶏冠山北堡塁への攻撃である。第十一師団は外岸側防穹窖右方窖室から横墻(おうしょう)（側射・背射・縦射を防ぐ遮蔽物）により外壕底に通路を開設、突撃部隊はこの通路を経て内岸に携帯橋を架けて胸墻を攀(よ)じ登り、胸墻外斜面の一部を占領したのだ。だが、この部隊も外岸穹窖左方窖室の機関銃や近隣堡塁・砲台からの集中火により撃退されてしまう。そこで、師団司令部は外岸穹窖全部の占領が必須と考え、三十一日に二度の爆破を実施して左方窖室の占領に成功。そして、数回の突撃を繰り返したが、外壕内で手榴弾や銃砲火の集中を受け、突撃は失敗に終わった。

またこの間、第六旅団長の一戸兵衛率いる第九師団左翼隊が、午後一時五分に盤龍山東堡塁東南の独立堡（P堡塁）へ突撃を実施し、大半を占領。午後十時三十分に敵の逆襲を受け突撃陣地に退却するも、一戸が自ら予備の一個中隊を率いて恢復攻撃を行ない、奪取に成功している。軍司令官は、一戸の功績を称え、この堡塁を今後「一戸堡塁と命名す」と第三軍内に布告した。他にも第十一師団中央地区隊が東鶏冠山第一堡塁（瘤山）の占領に成功している。

三十一日、乃木は、昨日からの突撃は一部成功したものの、総攻撃の主目標であった三永久堡塁が健在である限り、莫大な砲弾を費やし攻撃を強行したとしても、第一回総攻撃または前日の突撃と同様の悲境に陥るだろうと判断し、三堡塁を確実に占領してから爾後の進出を図る決心を固めた。

かくして第二回総攻撃は、P堡塁、盤龍山北堡塁、東鶏冠山第一堡塁の奪取という成果はあったものの、またもや失敗に終わったのだ。敗因は誰の眼にも明らかであった。すなわち、井上幾太郎が日記に書き記したように、側防機関（側防穹窖）と外壕の存在である。この障害を克服する手段は、坑道作業（地下作業）を進めて側防穹窖を爆破・占領すると共に外壕通過設備を設けるしかなかった。

ただし、敗北の中にも曙光(しょこう)が見られた。第一回総攻撃と比べて、戦闘成績が改善された点だ。すなわち、第二回総攻撃の死傷者は三千八百三十人（第一回総攻撃の四分の一弱）、消費砲弾数四万二千百八十発（第一回総攻撃の約五分の二）、ロシア軍の死傷者・行方不明者は日本軍よりも多い四千五百三十二人（第一回総攻撃の三倍）であり、戦闘成績は第一回総攻撃に比して遥(はる)かに良かった。そして、その原因は先述した各兵種の戦闘法の進歩と攻撃作業にあったのである。

第四章　屍山血河

――第三回旅順総攻撃と開城――

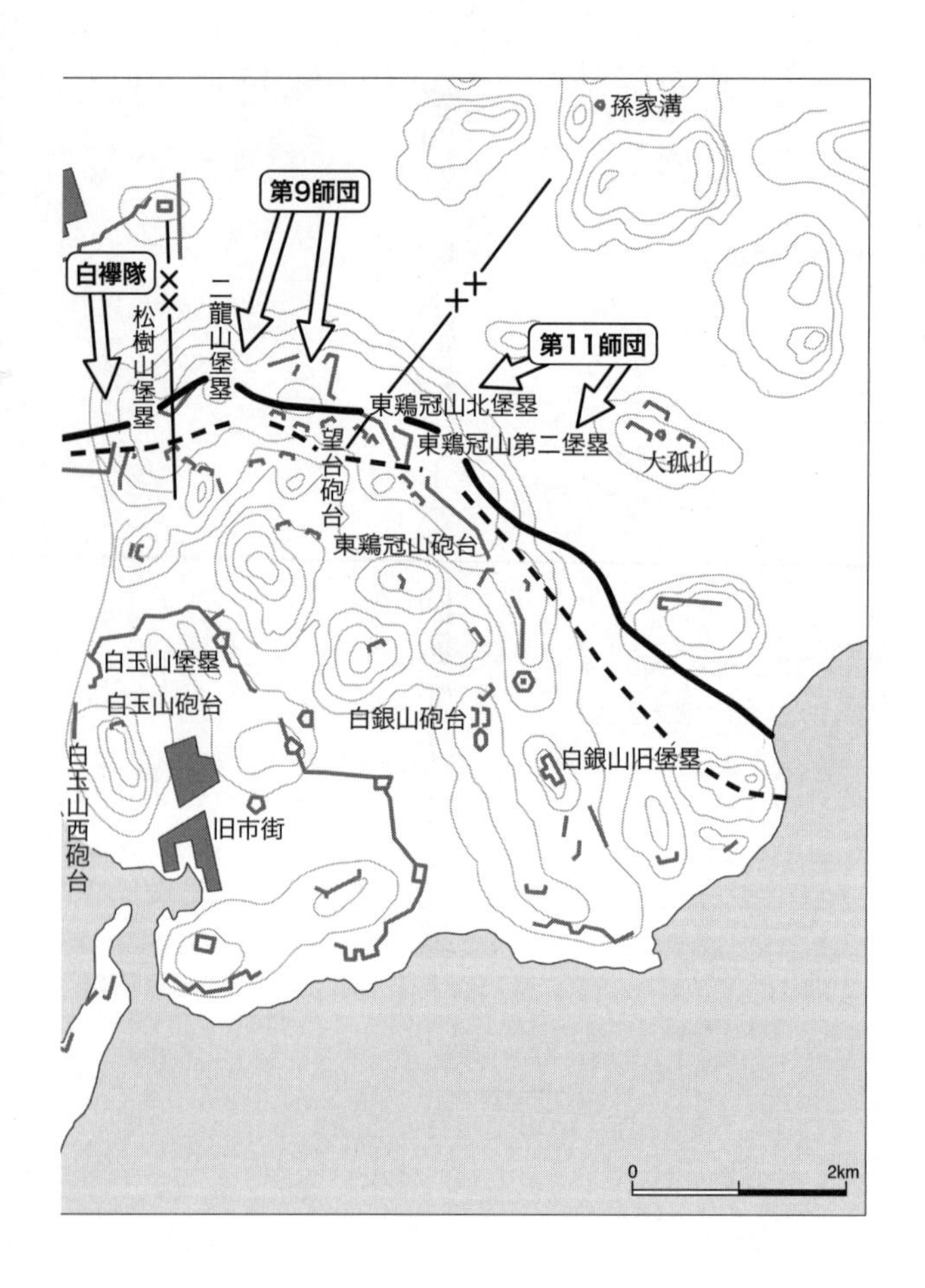
孫家溝
第9師団
白襷隊
松樹山堡塁
二龍山堡塁
第11師団
東鶏冠山北堡塁
東鶏冠山第二堡塁
大孤山
望台砲台
東鶏冠山砲台
白玉山堡塁
白玉山砲台
白銀山砲台
白銀山旧堡塁
白玉山西砲台
旧市街
0
2km

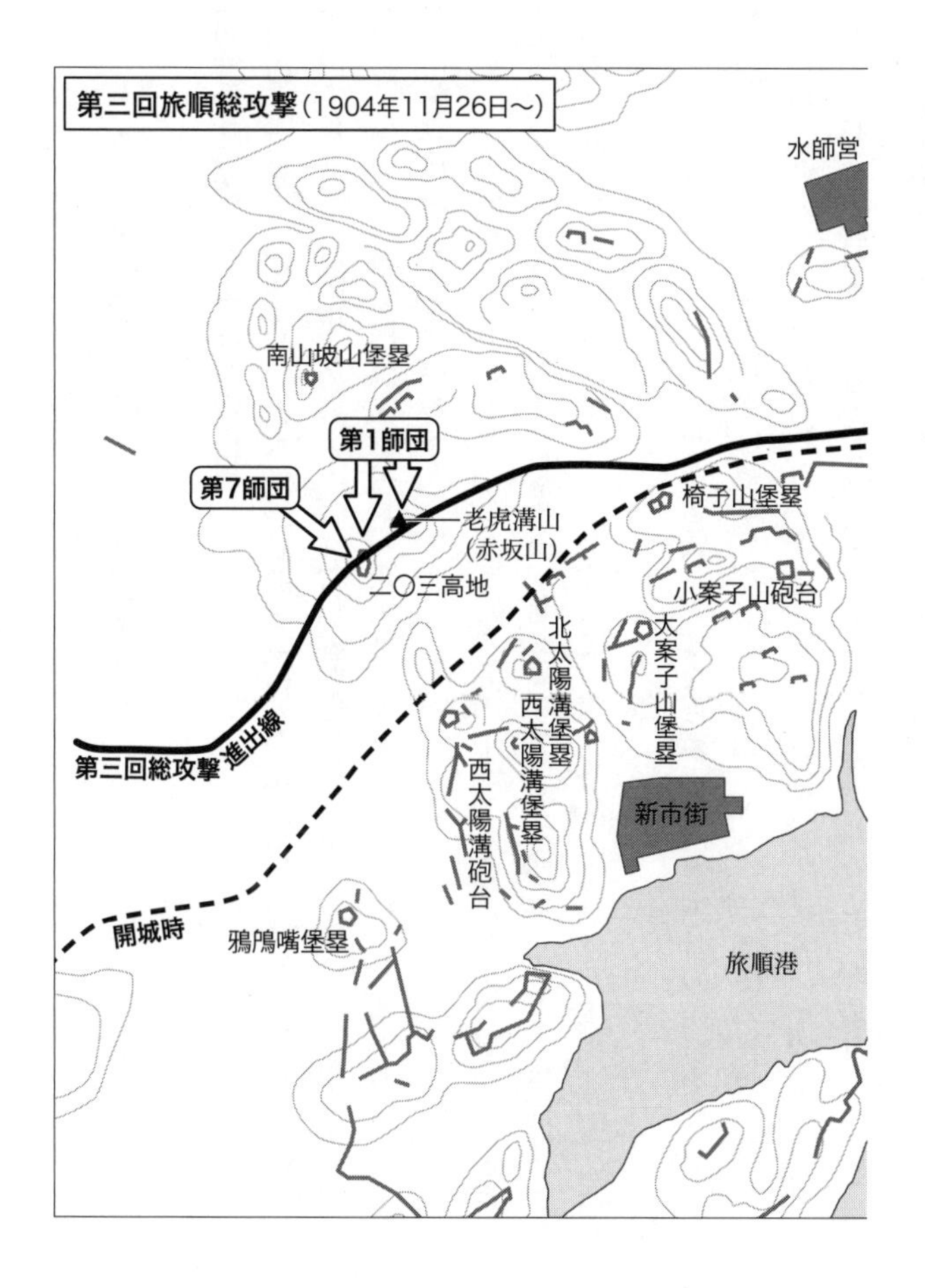

第三回旅順総攻撃（1904年11月26日～）
水師営
南山坡山堡塁
第1師団
第7師団
老虎溝山
（赤坂山）
椅子山堡塁
二〇三高地
小案子山砲台
北太陽溝堡塁
大案子山堡塁
西太陽溝堡塁
西太陽溝砲台
第三回総攻撃 進出線
新市街
開城時
鴉鳴嘴堡塁
旅順港

一、主攻正面論争と第三回総攻撃計画

軍司令部改造論と乃木更迭論の出現

二度の総攻撃失敗により、大本営や満洲軍総司令部では軍司令部改造論（この時点では乃木更迭論ではない）が噴出した。十一月六日、満洲軍の児玉源太郎が第三軍参謀長の更迭を参謀総長に提案。同日、参謀本部次長の長岡外史も軍司令部改造が必要であると、満洲軍参謀の井口省吾に書き送っている。

さらに二十九日には、井口が長岡に宛てた書簡の中で、旅順攻略後の軍司令部復員解散論（陥落後に軍司令部を本国に帰還・解散させ、新しく司令部を編成し直すこと）に同意した。児玉もこの案に同感であると書いている。かくして、軍司令部改造論は乃木更迭論に発展するに至った。

なお、この時、明治天皇が「乃木を代えてはならぬ」という趣旨の発言をしたという有名な逸話があるが、良質な史料ではそうした事実は確認できない。侍従の日野西資博（ひのにしすけひろ）によれば、明治天皇は「乃木も、アー殺しては、どもならぬ」と述べたようだ（『明治天皇の御日常』）。ただし、侍従や女官らが集まった座談会が雑誌に掲載されたことがあり、そこには天皇が

「よい、よい、其儘でよい。乃木にさせろ」（甘露寺受長ほか「座談会　明治大帝の御日常を偲び奉る」）とある。「乃木を代えてはならぬ」という強い意志というよりは、乃木の指揮による結果には不満があったものの、混乱を招きかねない解任には消極的に反対していた、というのが実情だったように思われる。

十一月危機と第三軍の選択

大本営陸軍部幕僚の長岡外史は、当初より二〇三高地のある西北正面を主攻撃すべきであると考えていたので、要塞の専門家である筑紫熊七砲兵中佐および鮫島重雄中将を連絡役や顧問として旅順に派遣し、機会を見ては西北正面に主攻を向けさせるよう勧誘させていた。しかし、第三軍は東北正面主攻の方針を堅持し続ける。それでも、十月下旬に実施された第二回総攻撃の頃までは、連合艦隊参謀の秋山真之が東北正面主攻方針を支持していることが「旅順日誌」から確認でき、主攻正面をめぐる大本営・海軍と第三軍間の意見対立はそれほど深刻なものではなかった。

だが、第二回総攻撃が失敗し十一月に入ると、海陸両面での困難な戦略環境を背景に主攻正面論争が激化し始め、第三軍は「最も困難」（「第三軍戦闘詳報　第十号」）な立場に陥ることとなる。当時、陸ではロシア軍が沙河戦線で攻勢に転じる可能性があり、満洲軍は第三軍の兵力の一部を引き抜くと共に、同軍の速やかな北方転用を目指した。
一方、海では、十月十五日にリバウ港を抜錨したバルチック艦隊が極東に近付きつつあり、連合艦隊は明治三十八年一月上旬と予想された来攻に備えて艦艇の修理を行なうため、十一月下旬頃までに旅順艦隊が撃滅されない場合は、旅順港の封鎖を解除して内地に戻る必要があった。そして、旅順港封鎖が解かれれば、満洲軍と本国との海上交通路が危険に曝される恐れがあり、大本営はこのことに強い危機感を懐く。

戦略環境の変化を受けて、第三軍は旅順攻略と旅順艦隊撃滅という二つの任務の間で選択に頭を悩ますこととなった。すなわち、一刻も早く旅順を攻略して、ロシア軍との決戦を控える満洲軍主力と合流することを優先するのであれば、旅順の死命を制することのできる望台に攻撃目標を定める必要がある。一方、旅順艦隊撃滅を優先するのであれば、旅順港内を一望できる二〇三高地を奪取し、そこに敵艦砲撃のための観測所を設ける必要があった。

第三軍は二〇三高地の価値を理解できなかったため東北正面主攻論に固執し続けたという『長岡回顧』に代表される通説的な批判と異なり、軍参謀副長の大庭二郎は、二〇三高地の攻撃を検討していた。だが、「大庭日記」十一月十日条によると、たとえ同高地を攻略したとしても旅順は陥落しないこと、すでに第三回総攻撃の攻撃配備が完了しており、攻撃するために今から火砲の陣地変換を行なうのは難しいことなどを理由に、軍司令部は第三回総攻撃でも東北正面に主攻を指向する決定を下す。しかも、「白井回想」によると、乃木以下の軍首脳部は、外壕（がいごう）通過設備を含む攻撃作業の進捗（しんちょく）状況から、東北正面に主攻を向ける次回の総攻撃で旅順の死命を制することができると確信していた。

主攻正面論争と山県有朋の激励

第三軍の東北正面主攻論に不満を懐いた大本営は、同軍の上級司令部である満洲軍に働きかけを行なうことで、東北正面主攻論を変更させることとし、十一月九日、参謀総長の山県有朋が満洲軍総司令官の大山巌に、第三軍に敵艦隊撃破を急がせるようにと伝えた。暗に観測点としての二〇三高地占領を示唆したのである。しかし、大山の回答は、東北正面主攻論を支持し、旅順攻略促進のため大阪で待機中の第七師団の投入を求めるものであった。

大山からの返電を読んだ山県は、ただちに第七師団の投入を決断する。だが、山県が旅順攻略の遅れに憤慨していたこともあり、大本営・海軍と満洲軍・第三軍間の空気は、旅順を中心として穏やかならざるものとなった。

こうなれば天皇の権威を借りて、満洲軍・第三軍の東北正面攻撃説を変更させるしかない。そう考えた山県は、十四日に御前会議を開催し、速やかに旅順を攻略する必要があるが、もし不可能ならば、旅順港内を瞰制（かんせい）できる地点を占領し、敵艦と修理施設を破壊する必要がある旨を議決し、大山に打電する。だが、天皇の権威を借りた要請も大山には通じなかった。大山は、港内を瞰制するためにも、従来通り望台高地を占領するのが捷径かつ有効である、望台高地と同時に二〇三高地を攻めては、二兎を追って一兎をも得ない結果となると返電してきたのだ。大山は、天皇の権威を背景にした大本営の二〇三高地主攻案を斥けてまで、東北正面主攻案を支持したのである。

児玉の考えも大山と同じであった。児玉は以前からバルチック艦隊に過剰に反応する大本営や海軍に不満を持っており、十六日に、陥落に至らなくても、旅順の「死命を制するの程度には成功すべしと信ず」と山県に打電している。第三軍同様に児玉もまた、次回の総攻撃で、旅順の死命を制する地、望台を占領できると考えていたのだ（以上、『明治軍事史』下巻・「四手井講授」）。

山県と乃木は第二次幕長戦争以来の仲であり、両者はお互いの心情を理解しあえる関係にあった。そこで、東北正面主攻論を変更することができないと知った山県は、乃木に宛てて二通の親展電報を送ることとする。一通は、今度の総攻撃がもし不成功に終わったならば、弾薬その他の関係上再挙を図ることは容易でないとして、次回総攻撃の成否に「陸海作戦の利害」と「邦家の安危」がかかっている旨を説いたもので（『日露陸戦新史』）、もう一通は、「百弾激雷天亦驚　包囲半歳万屍横　精神到処堅於鉄　一挙直屠旅順城（りょじゅんじょう）」という七言絶句の漢詩であった。山県は乃木に第三回総攻撃の必成を要求したのである。漢詩電報の打電を命じられた堀内文次郎（ほりうちぶんじろう）（大本営陸軍部副官）は、山県の胸中を察して「一挙直屠（いっきよただちにほふる）」を「一挙直屠（いっきよただちにほふれ）」と命令詞にして打電、当夜は一睡もできず、戦地から電報が入電するたびに「乃木将軍戦死の報ではないか」と気をもんだという（『参戦二十将星　回顧三十年　日露大戦を語る　陸軍篇』）。

ただし、既述したように、旅順艦隊は八月十九日の時点で、水兵や砲の相当部分を揚陸して地上戦線に転用することを決議しており、遅くとも十一月半ば頃までには艦隊としての戦闘力を喪失していた。また、バルチック艦隊の到着時期も大本営が予測した明治三十八年一月上旬ではなく、五月下旬までずれ込んだため、実際には〝十一月危機〟は大本営や海軍が憂慮したほど深刻なものではなかった。

それゆえ、大本営や海軍が二〇三高地攻略を急（せ）かしたことを批判する見解もある。だが、敵艦隊が戦闘能力を喪失しているのと、それを確実に確認できるかどうかは別問題である。外見からだけでは戦闘能力を喪失しているのかどうかは判定困難であるし、そもそものことを確実に確認できる術（すべ）がなかったのだ。むしろこの一件は、敵の実情が不明であり、かつ不確定要素の多い中で決断を迫られる、指揮官・幕僚の難しさを示す戦例として解釈すべきであろう。

なお、主攻正面をめぐり、大本営・海軍と満洲軍・第三軍間で対立が生じていたのと同時期には、第三軍と満洲軍との間でも旅順艦隊砲撃をめぐり意見対立が生じていた。

既述したように、南山坡山を占領した第三軍は連合艦隊に配慮して、同山からの観測により二十八サンチ榴弾砲を使い敵艦砲撃を実施していた。だが、敵艦隊が白玉山の死角に逃げ込んだため、第三軍は散布射撃に変更したものの効果が上がらない。そこで満洲軍が、砲弾消費と火砲の命数（寿命）の関係もあるので、第三回総攻撃のことを考えて当分これを中止するよう要請したが、連合艦隊との関係を重視する乃木が、砲撃中止は海軍を「大失望」させることになるとしてこれを拒否したのである。これをうけて十二日、児玉は「二兎を追うべからず。二十八サンチは威力を本攻に用ゆべし。無駄弾丸を送るべからず」（『谷戦史』）と要求したが、それでも乃木は首を縦に振らない。最終的に敵艦砲撃は中止されたが、満洲軍と海軍との間に挟まれた第三軍の立場は苦しいものがあった。

追いつめられる乃木

第三軍は、陸軍が開戦以前にほとんど研究も準備もしていなかった要塞攻略戦において失敗を重ねてはいたものの、それと同時に成果も収めていた。しかし、本国では度重なる失敗と人命損失に対し、非難の声が高まっており、乃木のもとには本国から切腹や辞職を勧告する手紙が多数寄せられた。

また、東京赤坂にある乃木邸の門前に青年将校が現れ、「乃木のノロマめ！　何を間誤付て居るか。我々が兵隊を作って遣れば端から殺してしまふ。然るに自分では武士であるとか、侍だとか傲語する癖に今尚ほ生存して居るではないか。若し真の武士であるなら我々に申訳の為め潔く切腹するが好い。若し又腹を切るのが痛ければせめて辞職でもするのが当然である」と暴言を吐き、乃木の切腹か辞職を求める事態も起きている。

この事件に衝撃を受けた乃木の夫人・静子は、伊勢神宮に参拝し、神前で旅順が陥落するようにと一心に祈願した。そして、その際、信仰心厚く霊感の強い彼女は「汝の願望は叶へて遣るが、最愛の二子は取上げるぞ」という神の声を聞いたという（以上、『斜陽と鉄血』）。

一方、旅順では、十一月十八日を中心とするその前後約一週間にわたり、作戦上の要求などが書かれた多数の私信が、山県、東郷平八郎、児玉らから乃木のもとに届けられ、乃木の神経を悩ましていた。さらに、『鶴田日誌』によると、第一回総攻撃の失敗後、自傷者が続出し、戦闘中に前進命令に従わない兵卒を将校が軍刀で斬殺する事件も起きており、軍紀を重視する乃木に衝撃を与えている。

そして、この乃木の心理的苦悩は彼の決断に影響を与えることとなった。

白襷隊の編成

第三回総攻撃の計画立案に際して、軍司令部内で激しい論争の的となったのが特別支隊（特別予備隊、白襷隊）実施の可否である。谷寿夫『機密日露戦史』が編成理由を「口述」として記述していないため、これまで編成までの詳細な経緯は不明とされてきた。そこで、本項では近年発見された史料をもとに特別支隊編成の経緯を詳しく見てみたいと思う。

特別支隊の編成が公式の場で提案されたのは、十一月十八日のことである。この日、軍司令部で開かれた師団長会議の席上、第一師団長の松村務本が、敵の中央地区すなわち松樹山西方地区に対して、大奇襲を実施すべきであるとの意見を述べた。

奇襲案は松村の独創ではない。もともと、これは第二旅団長の中村覚が提案したもので、松樹山補備砲台（松樹山第四砲台）に向かって奇襲を実行すべきであるというものであった。実は中村は、従来から上司である松村に対して口頭および筆記で再三意見具申していただけでなく、乃木に対しても二度にわたり意見書を送ったり、直接面談したりするなどして、熱心に意見を述べていたのだ。

十九日夜、奇襲案の可否を決定するために幕僚会議が開催された。過去数回の経験から、松樹山西方地区のような中間地区に対する奇襲が成功しそうにないことは明らかであったので、井上幾太郎が主として反対論を唱え、その他の幕僚も井上の意見に賛成する。だが、一人、津野田是重のみが奇襲決行を主張した。彼は「兵は奇道なり。理屈に於ては成算なきものも、時に大に成功することあり」という理由で奇襲案を推したのである。しかし、この日も「優柔不断」の伊地知幸介が裁決することができなかったので、会議は未決のまま散会となる。

　この日の夜、中村が第三軍参謀副長に電話をかけ、「自分の考えは松村師団長とほぼ同一であるが少し異なるところがある。策の採否は問わないので、軍司令官に意見を述べたい」と伝えた。そこで乃木は、中村を攻城山に差遣すべしとの命令を松村に出す。反対論の多かった奇襲案の可否を検討するために、第一線で部隊を率いる中村の意見を直接聴取することにしたのである。

　二十日、乃木は中村と面会した。会談ではまず中村が「まず六個大隊の兵力をもって、月の出前の夜暗を利用して鉄道堤に沿って松樹山補備砲台の下に進み、さらに地隙を利用して不意に攻撃を仕掛けて松樹山補備砲台を占領する。次いで劉家溝の東方高地を占領し、さらに進んで白玉山を占領する。この攻撃に使用する兵力は六個大隊で、各大隊は各々特別の目標を持ち、前の部隊が攻撃に成功すればその地点を占領守備し、後続の部隊は超越前進して次の地点の目標に進み、このようにして白玉山を占領する。そしてこれが成功したならば、第七師団の全部を特別支隊に続いて前進させ、砲兵も前進させて、全要塞を中断するのが良い」と特別支隊の作戦計画を説明した。

これに対し乃木は、「もしかしたら六個大隊の兵力を与えてこの計画を実行させることになるかもしれないので、十分研究を重ねるように」と慎重に回答。だが、これに納得しない中村は、「六個大隊の兵力で白玉山まで占領する計画を立案するつもりであるが、なるべくならば大規模に第七師団全体を特別支隊に続行させて、要塞を中断する作戦を採用することを希望する」と述べ、会談は終了した。

乃木は六個大隊編成の特別支隊には興味を示したものの、第七師団全体の投入には関心を示さなかったのである。

そして、二十一日、各師団参謀長を会して参謀長会議が開催され、特別支隊の採否が検討されることとなった。会議では、軍情報参謀の安原啓太郎が「此(この)計画は夢の夢なるものなり」と罵(ののし)るなど、津野田以外の幕僚が中村案を批判。だが、以前より水師営方面から軍の全力を挙げて要塞に突入するような壮挙でも決行しない限り旅順は落とせないと考えていた伊地知が中村の奇襲案に賛成し、乃木も賛同した結果、特別支隊を編成し、本街道方面より奇襲を敢行して、旅順内部に侵入させることが決定される（以上、現代語訳。和田亀治「日露戦役に於ける経歴談」・『斜陽と鉄血』・「乃木日誌」・「大庭日記」・「井上日記」）。

乃木が幕僚多数の反対を押し切ってまで特別支隊の編成を決断した理由は、①特別支隊に対処できる敵の遊動兵力が二〜三千人に過ぎないこと、②投入方向である松樹山方面の守兵が少ないため、本攻撃と合わせて猛烈果敢な突撃を実施すれば突破できる可能性があること、③本攻撃が万一失敗した場合の対策を考えておく必要があること、④投入は冒険であるが、使用法と投入時期が適切であれば成功の見込みがあること、⑤無謀な作戦であっても第三回総攻撃の重要性に鑑み、支隊の全滅を覚悟してでも決行する必要があること、にあったと「井上日記」は記している。

①~③は合理性がある。だが、④・⑤は説得力が無く、この時の乃木が外部からの「各種圧迫」(「旅順日誌」)により、いかに心理的に追いつめられていたかが推測できる。

このように、特別支隊は、提唱者の中村による熱心な意見具申に、現状打開のための一縷の望みを託した乃木自身の決断により、東北正面に対する本攻撃が失敗した場合の第二の手段として編成されたのである。

攻撃計画

第三回総攻撃の攻撃計画の骨子は、①まず第一師団が松樹山堡塁を、第九師団が二龍山堡塁と支那囲壁を、第十一師団が東鶏冠山堡塁と支那囲壁を攻撃し望台一帯の高地線を占領、次いで松樹山より教場溝北堡塁北方高地を経て東鶏冠山砲台にわたる一帯の高地を占領して要塞の死命を制する、②本攻撃以外の正面は前面の敵に対して有力な攻撃を行ない機に乗じて二〇三高地と白銀山砲台を奪取する、というものであった。ただし、軍司令部は、旅順攻陥の必成を期すため、作戦の細部に工夫を凝らした。そのため、今回の攻撃計画は、堡塁を強襲的に攻めた従来までのものとは異なる特徴を持つものとなっている。

第一に、総攻撃は成功を確実なものにするため、松樹山、二龍山、東鶏冠山堡塁に対する外壕通過設備の完成を待って開始することとされた。

第二に、望台占領（第一期）と望台からの内部攻撃（第二期）という、二段攻撃構想が採用されている。

第三に、第一期の攻撃方法は、堡塁のみを攻撃していた従来のやり方を改め、堡塁と支那囲壁に対して同時に攻撃を実施する方法を採用した。

第四に、陽動攻撃についても従来の牽制（けんせい）攻撃を改めた。約一万人と見積もられる敵兵力を分散させて総攻撃成功の可能性を高める目的で、戦線の両翼に位置する二〇三高地および白銀山砲台に対し、可能であれば有力な攻撃を行ない占領することとした。

第五に、約一個旅団（第七師団を含む各師団から歩兵一〜二個大隊を抽出して編成）の特別予備隊（白襷隊）を編成し、本攻撃の進捗状況により夜陰に乗じ水師営附近から要塞内に突入させて、本攻撃と相まって要塞を分断するか、少なくとも本攻撃を容易にすることとしている。

第六に、新しく配属された第七師団を軍総予備隊として、東北正面後方の曹家屯附近に配置し、必要があれば乃木が自ら同師団を率い突進することとした。

要するに、乃木は正攻法を最重要視しつつも強襲法、奇襲の各手段も併用し、二〇三高地攻略も視野に入れて万全の態勢で第三回総攻撃に臨んだのだ。

そして、攻撃計画について報告を受けた満洲軍総司令部は、計画を承認すると共に訓令を与え、今回の総攻撃は、「帝国陸海全軍の安危」に関わるため「多大の犠牲」を供することを辞せずに目的を必成するよう要求した（「四手井講授」）。

さらに、明治天皇が異例にも攻撃前の第三軍に、「今や陸海両軍の状況は旅順攻略の期を緩ふするを得ざるものあり。此時に方り、第三軍総攻撃の挙あるを聞き、其時宜を得たるを喜び成功を望む切なり。爾等将卒夫れ自愛努力せよ」と書かれた勅語を下賜して将兵を激励、乃木は「誓て速に軍の任務を遂行せんことを期す」と奉答している（『明治天皇紀』第十）。

かくして、決戦の機は熟した。

二、第三回旅順総攻撃

東北正面の堡塁に対する攻撃の失敗

第三回総攻撃をめぐっては、近年、乃木が東北正面攻撃に失敗するや、「十一月二十七日」にロシア軍に「陣外決戦を強要」する目的で二〇三高地に主攻を転換したとか、児玉源太郎が二〇三高地の戦いで行なった重砲の陣地変換の戦術的意義は小さく、同高地攻略成功に対する児玉の寄与度は低いといったことが指摘されている。そこで、以下では、これらの説の真偽も含め第三回総攻撃の経緯を見ていきたいと思う。

十一月二十六日午前八時、二十八サンチ榴弾砲十八門の砲撃を合図に、第三軍は最後の決心と重大な責任とをもって第三回旅順総攻撃を開始した。この時、各師団は第二回総攻撃の失敗に学び、東北正面の松樹山・二龍山・東鶏冠山北堡塁と支那囲壁に対する攻撃準備を万全に整えていた。第二回総攻撃開始前の十月二十日より地下作業（坑道作業）に着手していた第十一師団のみならず、第一・第九師団が十月三十一日と十一月二日から地下作業を開始、各師団は三堡塁の外岸を爆薬で破壊して外岸穹窖（がいがんきゅうこう）を占領し、外壕通過設備も完成させ、あとは突撃隊が胸墻（きょうしょう）を乗り越えて堡塁内に突撃するのを待つだけの状態にあったのだ。井上幾太郎は総攻撃開始時の心境を、次のように回顧している。

私共は当時〔東北正面に対する攻撃を〕決して無謀とは思はなかった。総て（すべ）の障害は全部排除せられ、堡塁の外壕は立派に我が歩兵が通れる。たゞこの上は外壕から堡塁内に飛込めさへすればよいまでに、諸準備が整ったからであります。故に二〇三高地に軍の主攻撃を向けないでも、今迄の攻撃正面だけやれば要塞は陥（おち）る。まづこの際は要塞の陥るといふことは艦隊も一緒に取れると思ったのであります。若（も）しいけなかったなら、その時二〇三高地に向はうと考へた。要するに二〇三高地を取って艦隊だけ潰すといふ案よりも、寧（むし）ろ従来の攻撃正面を突き破って要塞を陥（おと）す方が得策である。さうすれば艦隊も同時に潰れ、第三軍は北方に転進して奉天の大決戦に参加が出来る。さう極（きま）って見ると、全軍非常に発奮して又殆（ほとん）ど上下一致成功の確信を以てかゝったのです。

（『名将回顧日露大戦秘史　陸戦篇』）

各師団の突撃隊は、午後一時頃の第十一師団による東鶏冠山北堡塁の爆破と共に突撃を開始した。各師団の突撃実施状況は次のようなものであった。

第十一師団は東鶏冠山北堡塁の胸墻下に二坑道を掘り胸墻を爆破。だが、坑道の掘進が不十分であったため胸墻の外側半部のみが外壕内に崩壊したにとどまり、敵の火線（射撃位置）までなお約四メートルの頂斜面が残ってしまう。突撃隊は数次突撃を反復し一部が堡塁内に進入したもののこれが障害となって全滅し、攻撃は失敗に終わった。第九師団は二龍山堡塁の外岸に降下路を、内岸に攀登路を構築、突撃隊はこれにより胸墻を越え堡塁内に突入したが敵の反撃を受け、突撃に失敗。松樹山堡塁を攻撃した第一師団は、外壕内に二条の攀登路を設置。突撃隊がこれを登り胸墻に到達したがここで多大の損害を被り、突撃は頓挫している。

さすがの井上も、今回の堡塁攻撃失敗には衝撃を受け、その心境を「自らも亦失敗を納得すること能はず。実に懊々として〔派遣先の第九師団司令部より〕軍司令部に帰着せり」と日記に書いている。

東北正面諸堡塁に対する突撃が失敗した最大の原因は、胸墻の存在にあった。つまり、今回の攻撃では、突撃隊が外壕を越え胸墻に攀じ登っても、ロシア軍が堡塁の内庭に防御設備を構築し機関銃を据え付けて守備していたため、胸墻の頂上附近で内庭の敵兵と対峙せねばならず、そこを左右後方の堡塁・砲台から側射・背射を受けて死傷者が続出し、胸墻を奪還されたのである。そのため、第三軍は、第三回総攻撃終了後に、胸墻全体を爆破することとし、大規模な坑道作業に着手することとなる。

白襷隊の投入

かくして、万全の準備を整えて実施した堡塁攻撃は失敗に終わった。そこで乃木は、旅順要塞本防御線を中断して本攻撃を容易にする目的で、中村覚率いる特別予備隊（称呼を簡単にするため特別支隊と呼ばれた。いわゆる白襷隊のこと）を投入して松樹山西麓沿いに夜間奇襲をかけることとし、十一月二十六日午後五時次の軍訓令を中村に与える。

一、特別支隊は敵の不意に乗じ要塞内に進入し、敵の防御線を両断し、以て要塞の陥落を速かならしむるにあり。

二、貴官は以上の目的を達成する為め、本夜夜暗を利用し先づ松樹山補備砲台（松樹山第四砲台）附近の敵塁を奪取し此に立脚点を占め、次に猛烈果敢に王家屯（おうかとん）東方高地上に在る複郭［ママ］の一部を奪取し此に拠点を構成し、成し得れば白玉山を攻略し、万一不幸なる状況に際しては其地を死守し、以て軍の来援を待つべし。

（「第三軍戦闘詳報　第十号」）

乃木は、第一集合地に臨場し、「敵は今や陸上に大増援隊を送り、海上では近い将来バルチック艦隊が来航する。国家の安危は攻囲軍の双肩にかかっている。白襷隊は死地に突入し、敵の虚を突いて要塞の守備を攪乱しようとするものであって、この一挙は国家のために極めて重要な任務である。期待が大きすぎて、心のうちを表現できないほどだ。まさに一死をもって君国に報いるべき重要な時である」と訓示した。

中村もまた「白襷隊の目的は要塞を中断することにある。隊の将兵は初めから死を覚悟しており、生還を期待していない。予が倒れたならば渡辺水哉大佐が後任となり、大佐が倒れたならば大久保直道中佐が指揮をとれ。各級幹部もみなそれぞれに後任者を選定しておくように。襲撃は銃剣突撃を主体とせよ。第一の地歩を占めるまでは、敵の猛射を受けたとしても、一発たりとも応射してはいけない。理由なく後方にとどまり、または隊列を離れ、もしくは退却する者があれば、幹部がこれを斬るように」との訓示を行なった（以上、現代語訳。『日露戦役戦陣余話』）。

特別支隊は歩兵六個大隊および工兵一個小隊の合計三千八十三人で編成された混成部隊である。一般には、支隊員は夜間における味方識別のため白襷を両肩に襷掛けしたとされているが、中村の出した注意事項には「右肩より左腕に白木綿を懸くべし」とある（『第三軍戦闘詳報　第十号』）。支隊員は、冬服の上に防寒外套を着用し、弾薬二百五十発と携帯口糧（重焼麺麭）三日分を携帯した。『日露戦役戦陣余話』によると、携帯口糧は頭陀袋に入れて右肩から左脇にかけたというので、白襷を両肩に襷掛けにしたという通説は、これが誤って伝えられたのだ（なお、白襷隊を写した有名な集合写真は、十二月二十八日に二龍山堡塁に突入した部隊を撮影したものである）。

特別支隊は編成から総攻撃開始までの時間が二日間しかなかった。そのため、準備が不足し、かつ地形に不慣れだったこともあり、作戦中、多くの錯誤に遭遇する。午後六時、特別支隊は第一師団特別歩兵連隊を先頭に行動を開始。だが、進路を誤ったり、松樹山堡塁から後退する負傷兵などと行進交叉（こうさ）を起こしたりしたため、行進に時間を要し、第二集合地（松樹山堡塁の西北斜面にある地隙）に集結を完了したのが、午後八時四十分頃となってしまう。一時間に平均約一キロしか進めなかったのである。さらに、第二集合地から前進を開始した同連隊が、松樹山第四砲台前の鉄条網切断に手間取り、月の出の時刻が迫り敵に発見される恐れが出てきた。そのため、午後八時五十分、鉄条網の破壊が不十分なまま、第四砲台西北角前方の散兵壕に突撃することを強いられ、地雷と手榴弾により大損害を出してしまう。しかも、後続部隊が暗夜で未知の地形を行進したため第一線への兵力集中に手間取り、このことが戦況をさらに不利なものとした。

二十七日午前一時、軍司令部は特別支隊から「当支隊は増援を得るにあらざれば現状を維持すること困難なり」との報告を受ける。この報告は、乃木以下の軍司令部職員に大きな衝撃を与えた。特別支隊の困難な状況と支隊長中村の負傷を知った乃木は落胆した表情を浮かべ、幕僚と共に今後とるべき処置について協議する。だが、軍司令官・軍参謀長以下の軍司令部首脳は「顔面蒼白（そうはく）」となり、「当惑の色を浮べ」、とるべき措置をなかなか決心できず、奈良武次（攻城砲兵司令部部員）の意見具申があり、ようやく特別支隊の作戦を自然の推移に任す決定を下したという。軍司令部が退却命令を出したのは午前二時三十分になってからのことであった（「第三軍戦闘詳報　第十号」・『奈良回顧』）。

かくして、特別支隊の攻撃は支隊長の中村（重傷）を含む八百七十八人の死傷者と五百八人の失踪（しっそう）者を出して失敗に終わった。「軍特別予備隊戦闘詳報」は、戦闘経過を分析して、強襲では松樹山第四砲台のように防備の整った砲台を奪取することはできないと述べている。

白襷隊の是非

「司令官が局所攻撃に没頭したことは致命的なミス」（別宮暖朗『旅順攻防戦の真実』）と酷評される特別支隊の投入であるが、その投入地点は適切なものであった。

この時、松樹山第四砲台を守備していたカラムイシェフ砲兵中尉の著書『白襷隊』には、特別支隊が突入した第四砲台の守兵は当初百八十人であり、日本軍に奪取される危機に瀕（ひん）したが、勇敢なる日本軍将校に続行する者が少なかったため、ロシア軍救援隊の来着により日本軍は撃退されたとある。この日本軍将校とは、第四砲台内に突入し備砲に跨り軍刀を揮って部下を叱咤激励している最中に戦死した第二十五連隊小隊長の小出政吉のことで、ロシア軍は小出の奮戦を嘆賞し彼の軍刀を日本軍に送還、その後軍刀は天覧に供された。

つまり、特別支隊の投入地点はロシア軍の守備が脆弱な地点であり、もしも、中村覚の献策通り、第七師団全部が投入されていれば、成功した確率が高かったのである。特別支隊投入は乃木無能の証拠とされることが多かったが、この説は再検討の必要があろう。

なお、特別支隊編成の主唱者であった中村が攻撃失敗後に乃木に宛てた書簡が、二〇一五年著者により再発見されている。作戦失敗に対する彼の無念さと自身の献策に賭ける執念とがよくわかる史料なので、紹介したい。

謹啓

寸効を奏せずして、身先づ傷つき、遂に目的を遂行すること能はざるのみならず、貴重の軍隊に多大の損傷を生ぜしめ、国家に対し軍司令官に対し、面目之れ無く奉恐入候。

敗軍の将、共に語るに足らずとは申しながら、陥落動機の今に発生せざること返す返すも残念に奉存候。

海軍の港口閉塞の壮挙は失敗に屈せず、第三回まで断行して、遂に目的を達せり。

目下の形勢に於て我陸軍は要塞中断を決行すること、尤も陥落を早むるの道なるべしと考ふ。一敗気餒へ、之を再三するの勇気なしと云はば、海軍の第三回まで失敗に屈せざるの勇気に劣るものとす。百折不撓の精神こそ肝要と奉存候。

若し右の中断策を不可なりとせば、今は全線の総攻撃を止め、第一に、二龍山砲台及び附近の囲壁に我が全力（殊に砲火）を傾注し、百方計画を運らし、之を奪取すること。

二龍山砲台にして我有と為るときは、一面は右に開きて松樹山新旧砲台に向ひ、一面は左に開き望台一帯の高地を攻略することを得べし。故に先づ二龍山に全力を注ぎ、他は佯攻〔陽動攻撃〕に止め、兎も角二龍山を占領するを謀るを急務なるべしと奉存候。

軍には夫々機関あり、吾々の卑見は物の役には相立ち不申と存候得共、小生は呉々も陥落の遷延を遺憾と存候に付、不敬を顧みず閣下の宏量に訴へ、所思の一端を包まず申上候次第に付、言を咎めず微意の在る所御推判被下度奉　願候。

頓首再拝

十一月三十日朝記　中村少将

乃木大将閣下

再伸。医官の内示に依れば、内地後送を要すとのこと也。小生の足は折るるも、頭は飛ぶも、更に厭ふ所に無之、只だ目的を遂行し得ざりしこと、返す返すも残念至極に奉存候。

荒鷲を打止めなむと狩人の
　おもひしものをまたものかせり〔後略〕
（『新史料による日露戦争陸戦史』十一月三十日附乃木宛中村書簡）

中村は、要塞中断策こそが旅順陥落を早める方法だとして、一度の失敗に懲りずに海軍の旅順口閉塞作戦のように何度も敢行すべきであると考えていたことがわかる。

三、決戦・二〇三高地の戦い

二〇三高地に対する主攻転移の経緯

通説では、乃木は特別支隊の攻撃が失敗したことをうけて、ただちに二〇三高地攻略を決心したとされている。だが、事はそう単純ではない。

「第三軍戦闘詳報　第十号」を確認すると、十一月二十七日午前五時三十分の段階では、乃木は、東北正面攻撃論を維持しており、第九師団に軍総予備隊である第七師団の一個旅団を増加し、払暁から精密な砲撃を実施した後、望台を進出目標に二龍山方面の支那囲壁に突撃をかけさせ、もしそれが失敗に終わったならば、主攻方面を二〇三高地に変更して同高地を奪取し、敵艦隊を撃滅する意図であった。

この乃木の決心が変わる契機となったのが、午前八時頃に行なわれた井上幾太郎の意見具申である。当時井上は軍司令部から派遣され第九師団司令部にいたが、そこに、軍司令部から第九師団の攻撃計画と突撃成功の可能性について問い合わせが来る。この時、第九師団歩兵隊の戦闘員は約千四百九十人にまで減少しており、同師団の回答は第七師団の一個旅団を与えられても突撃成功の見込みはないというものであった。だが、軍司令部はこの回答に不安を感じ、井上の意見を尋ねてきた。そこで井上は、突撃成功の可能性はないので、東北正面に対する本攻撃を一時中止して、主攻を二〇三高地に指向するよう上申する。

当時、軍司令部は攻城山に位置しており、軍作戦主任参謀の白井二郎は、軍司令官らが所在する天幕から少し離れた電話通信所にいた。彼は、第九師団と井上から突撃成功の見込みなしとの報告を受けたものの、この報告を持って行く気にはなれなかった。軍司令官が東北正面攻撃継続の決断を下すことを危惧（きぐ）したのである。この時、彼の脳裏にひらめいたのが二〇三高地であった。白井は、攻撃を担当する第一線部隊の第九師団が成功の見込みがないと言ってきている以上、東北正面攻撃に成功の公算はない、それが駄目であるならば、「二〇三を何とか始末」しなければならないと考えたのだ。そこで、攻撃部隊となる第一師団の意向を確認する目的で、第一師団参謀長の星野金吾に電話をかけ、以下の会話を交わした。

白井「軍が主力を用いたならば、明日二〇三高地攻撃の成功を予期できるか？」。

星野「できる。師団はただちに攻撃に着手したいと思うが、軍は二〇三高地攻撃に全力を傾倒する意図を持っているのか？」（現代語訳）。

白井によれば、ここでいう「全力」とは、主として二十八サンチ榴弾砲弾を十分に投入するという意味であるという。また、白井と星野が成功すると考えた理由は、これまでの東北正面に対する攻撃が二〇三高地攻撃にとって助攻撃となり、西北方面の敵兵力が手薄になっている点にあった。

第一師団の意向を確認した白井は、乃木に対して、第九師団長と井上の報告および第一師団参謀長の回答などを報告すると共に、二〇三高地を攻撃するよう意見具申を行なう。

ところが、傍らでこれを聞いていた満洲軍参謀の福島安正（ふくしまやすまさ）が、「二〇三に攻撃を転換するのであったならば、一遍総司令官の許可を受けなければならぬ。自分は飽くまでも現正面の攻撃を遂行せしむるやうにせよとの任務だから、二〇三攻撃に同意する権能を持たない」と述べ、主攻転換に同意することを躊躇（ちゅうちょ）する。しかし、戦況の説明を受け、福島も最後には、

「御許可は後でもよい、自分が責任を負うて同意するから、一刻も早くするがよい」と賛成し、これを受けて乃木は二〇三高地へ主攻を転換する決定を下した（以上、「白井回想」・白井二郎「爾霊山へ主攻撃転向の刹那」・「四手井講授」）。

つまり、満洲軍総司令官から与えられた福島の任務は、第三軍に東北方面の堡塁を攻略させることにあり、軍司令部の主攻方面の変更を承認することは、本来ならば裁量外であったのだ。

そして、二十七日午前十時、二〇三高地へ主攻転換を命じる軍命令が下達された。

一、軍は一時現攻撃正面に於ける攻撃を中止し、更に二〇三高地を攻撃して之(これ)を奪取せんとす。

二、攻城砲兵は今より二〇三高地に対する砲撃を開始し、主に廿八珊(サンチ)知榴弾砲を以て敵堡塁に向ひ破壊射撃を施行すべし。

三、第一師団は砲撃の成果現はらるる［ママ］を待ち、日没頃を以て二〇三高地に向ひ突撃を実施し、同高地を占領すべし。

四、他の正面、特に従来の攻撃正面に在ては勉(つと)めて攻撃動作を継続し、二〇三高地の攻撃に対し当面の敵を牽制すべし。

（「旅順攻囲軍参加日誌別綴　明治三十七年」）

このように、乃木は、松樹山・二龍山・東鶏冠山北堡塁に対する攻撃および特別支隊の攻撃が失敗した後、ただちに主攻を転換したわけではなく、二十七日午前五時三十分の時点では東北正面主攻論を維持し続けていた。そして、白井の意見具申があった後、二十八サンチ榴弾砲の破壊力を頼りに、東北正面と比較して攻撃成功の見込みが高く、大局上重要な価値を持つ二〇三高地に、主攻を転換する決断を下したのである。そして、主攻転換の時点では、乃木の目的は敵艦隊撃滅にあり、ロシア軍に陣外決戦を強要する意図はなかったのだ。

十一月二十七・二十八日の戦況　―第一師団による攻撃の失敗―

二〇三高地は西北正面の最高点で、同正面の各堡塁を瞰制でき、旅順港内のほとんどを展望可能な戦略的要地である。ロシア軍は二〇三高地を五個中隊（約五百二十人）で、老虎溝山（赤坂山、標高一七七メートル）を七個中隊（約千人）で守備し、約百五十五人の予備隊を控置していた。二〇三高地は東北と西南二つのピークを持つ二瘤山で、その陣地はもともと臨時築城であったが、今や永久築城に匹敵する堅塁と化していた。高地の周囲を囲むように防弾用屋根である掩蓋を有する環状散兵壕が設けられ、西南山頂には閉鎖堡（咽喉部を閉塞した陣地）と盲障掩蔽部と呼ばれる指揮官用シェルターが、東北山頂には十五センチ砲二門を収容する砦のような小型野堡が築かれていて、山頂部と散兵壕との間は予備隊の投入が容易なように地下連絡路で連結されていた。ただし、外壕がないのが弱点となっていた。

第一師団長の松村務本は、右翼隊に二〇三高地の西南部を、中央隊に東北部と老虎溝山を攻撃させることとした。つまり、相互に支援しあっている二〇三高地と老虎溝山とを同時に攻撃する作戦を採ったのである。そして、右翼隊長の友安治延と中央隊長の馬場命英によって、それぞれ後備第十五連隊と第一連隊が攻撃部隊に指定された。

第一師団は、二〇三高地西南部山頂に向けてA攻路（右攻路）とA′攻路（左攻路）を、東北部山頂に向けてB攻路を掘っていた。A攻路は攻路も歩兵陣地もほぼ完成していたが、A′攻路とB攻路は不完全であった。A′攻路は攻路頭に連結する歩兵陣地が存在せず、B攻路は攻路頭と第三歩兵陣地との間に約四十メートルの間隙があるうえに、第三歩兵陣地も土嚢を三段に積み重ねた粗末な造りであったのだ（図4-1参照）。そのため、A′攻路では攻路頭から出ると濃密な砲射撃に曝されることとなり、B攻路では攻路頭を出て第三歩兵陣地に進出する間に老虎溝山からの側射を受けることとなり、これが苦戦の一因となってしまう。

十一月二十七日午後三時十五分から午後六時にかけて、碾盤溝の二十八サンチ榴弾砲四門が二〇三高地に約二百七十発の砲弾を撃ち込み約七十パーセントの命中率を得、二十二個の掩蔽部を破壊した。砲撃の効果を見た右翼隊は、午後七時四十分、二〇三高地西南部に突撃

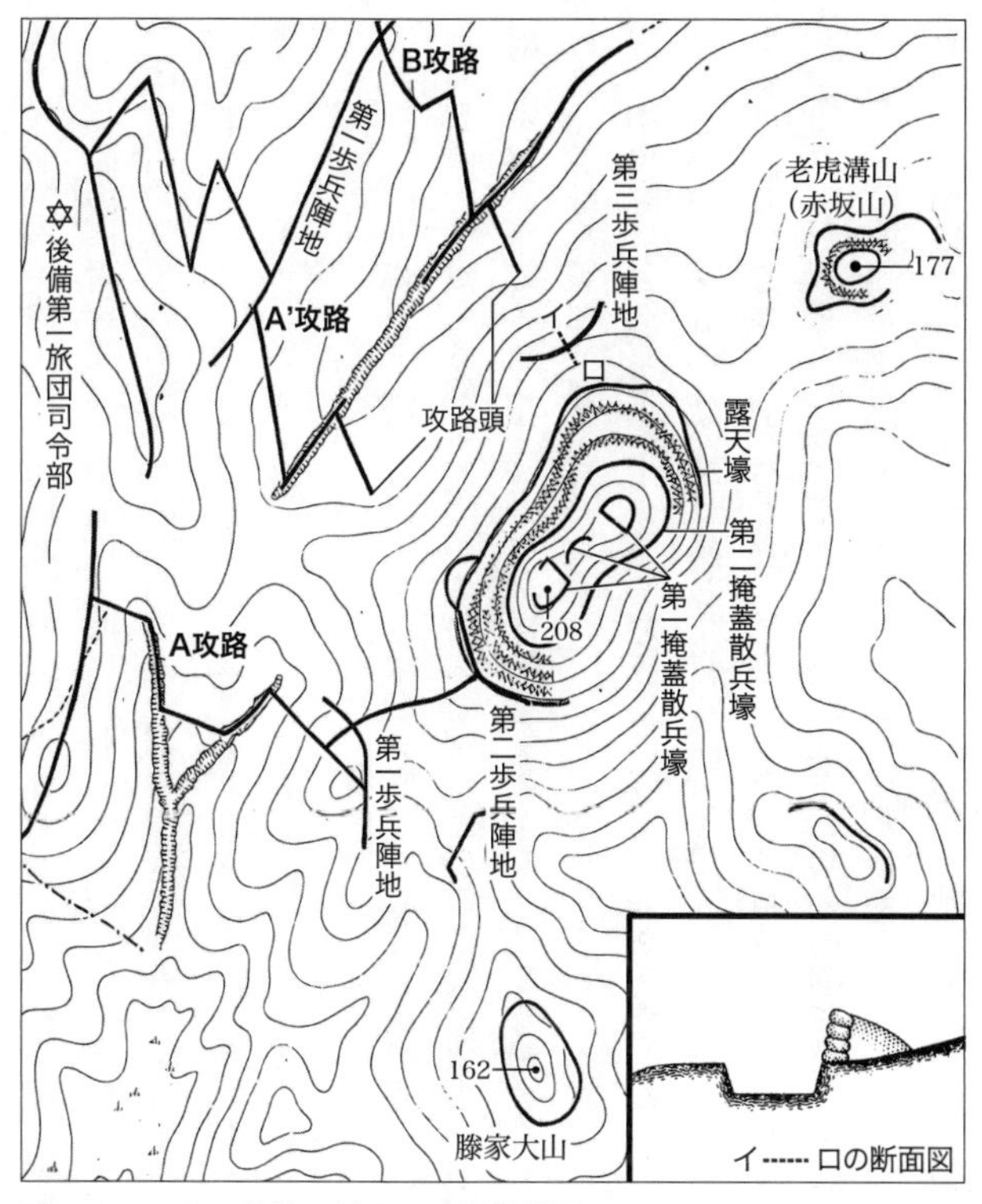

図 4-1　二〇三高地に対する攻撃作業図

※戦闘終了直後に作成されたものであり、不正確な記述が存在するため、原図に修正を加えた。

※参謀本部編『明治三十七八年日露戦史』第六巻附図（東京偕行社、1914 年）によると、二〇三高地の標高は、208 メートルが正しい。

出典:「自十一月三十日至十二月六日旅順方面に於ける第七師団戦闘詳報 第一号(2)」（JACAR Ref. C13110503700、防衛研究所戦史研究センター所蔵）

を実施。だが、老虎溝山からの機関銃掃射および老鉄山、大劉家屯（だいりゅうかとん）、鵶鳰嘴（あしし）、太陽溝方面からの大口径砲の側射を受け、突撃は失敗に終わる。一方、中央隊は午後六時頃より突撃を行ない、午後六時五十分頃に老虎溝山山頂の一部を占領するも、午後十時頃には敵の逆襲を受け奪回されてしまう。攻撃失敗を知った乃木は、午後十一時、満洲軍総司令官に対し「本日の攻撃の失敗は小官の不明の致す所なり」と攻撃失敗を謝罪する電報を打った（「四手井講授」）。

二十八日午前十時三十分、右翼隊が突撃を実施し、二〇三高地西南部山頂を占領する。だが、高地の南に位置する滕家（とうか）大山（たいざん）からの猛射、および西太陽溝堡塁、鵶鳰嘴堡塁などからの砲兵射撃を浴びたのみならず、ロシア軍の逆襲により、突撃隊の大部分が死傷したため、右翼隊は第二線散兵壕に後退した。

一方、中央隊は、突撃準備中に第一連隊長の寺田（てらだ）錫類（やすよし）が負傷したため士気挫折し、突撃を実施できなかった。寺田は霊夢に感じて得た「天照皇大神」と刻まれた軍刀を持ち、この軍刀があれば決して敵弾に当たらないと信じていたため行動が大胆不敵で、連隊団結の核心的存在となっていた。そのため、寺田の負傷が部下将兵の動揺に繋（つな）がったのである。指揮官の部下に与える精神的感作力の大きさがわかる戦例といえる。

それでも、中央隊は、二十八サンチ榴弾砲の砲撃が威力を発揮したのを戦機と見て、午後四時三十分と午後五時に突撃を実施し、老虎溝山および二〇三高地東北部山頂を占領することに成功した。これを知った軍司令部は、満洲軍総参謀長に、「〔二〇三高地攻略は〕九分通り成功の見込みあり」と報告（「第三軍戦闘詳報　第十号」）。だが、夜半、敵の逆襲を受けたため、突撃前の位置に撃退されてしまう。これにより、第一師団の攻撃力はほとんど尽きてしまった。

十一月二十九日の戦況　―第七師団の投入と満洲軍総司令部による作戦批判―

十一月二十九日午前二時、軍司令部は、第一師団から、二〇三高地が敵に奪還され、師団には「最早（もはや）突撃を再興するの余力ない」旨の報告を受領する（「第三軍戦闘詳報　第十号」）。だが前日、満洲軍総司令官より、①失敗に懲りることなく初志貫徹に努めよ、②失敗を「成功を得べき経験の母」とせよ、③「再興、三興を厭わず、一難毎（ごと）に堅忍の度」を加える精神をもって任務完遂に邁進（まいしん）せよ、という内容の激励電報を受け取っていた乃木は、この悲報に接しても二〇三高地攻撃を継続する意図を変えなかった。

それどころか乃木は、①敵が兵力を逐次増加しており、戦闘が単なる二〇三高地だけの問題にとどまらず、「要塞の死命」を決する「決戦の性質」を帯び始めていること、②二〇三高地に対する二十八サンチ榴弾砲の威力が、本防御線の堡塁に対するものと違い極めて大きいことという二つの理由から、敵に決戦を強要し致命的打撃を与えることのできる好機が到来していると判断。そして、軍総予備隊の第七師団を攻撃に投入する決断を下し、午後三時、第七師団長の大迫尚敏（おおさこなおはる）に第一師団を指揮下に置き、二〇三高地を攻略するようにとの命令を出した（以上、「四手井講授」・『日露陸戦新史』）。

すなわち、乃木が約一万人と見積もったロシア軍に、二〇三高地で陣外決戦を強要しその兵力を消耗させることで、旅順陥落の時期を早めようと考えたのは、十一月二十九日になってからのことだったのである。

午前七時十分、大迫は高崎山の第一師団司令部に到着し、午前十時、師団長の松村務本から指揮権を継承した。指揮官にとって、攻撃途中で不成功を理由に指揮権を奪われることほど苦痛なことはない。そのため、引継ぎの際、松村は終始泣きが止まらず、大迫もつられて落涙した。

この日の朝、大本営運輸通信長官の大沢界雄が軍司令部を訪問している。頭痛のため白布を頭に巻いた姿で大沢と対面した乃木は、「余は目下の戦況が悲しむべき結果を持ち来す事なきかを懸念して措（お）く能（あた）はず。然れども戦ふべき丈（だけ）は戦ひ、為し得る限りの事を為しつゝあり。多大の損害憂ふべしと雖（いえど）も、国家の運命に比しては忍はざるべからず。目下の戦況を今少しく有利に導き得るまでは戦斗（せんとう）を継続せん」（「大沢日誌」）と意気消沈の様子で語った。また、一説には、「已に三日三夜一睡をなす能わず。予はこの上なす所を知らず。旅順の指揮権は適任者あらば誰にでも譲る。然し誰れも名案なからん」（『谷戦史』）と述べたともいう。

一方、満洲軍総司令部では、せっかく占領した二〇三高地を二度も奪還されたことで、第三軍に対する信頼が地に落ちていた。総司令部は失敗の原因が、①軍司令部の位置が前線から遠く偵察が不十分であること、②総予備隊（第七師団）を二〇三高地から約一日行程の遠距離に置いたため投入の時機が失われたことにあると分析し、第三軍の用兵は「帥兵の法を失するもの」と判定した。

そして、精神的に追い詰められていた乃木に追い打ちをかけるかのように、満洲軍総司令官は、「総参謀長児玉大将を貴軍に差遣す」という電報と共に、「二百三高地に対する戦闘の状況不利なるは指揮統一の宜しきを得ざるもの多きに帰すると云はざるを得ず。畢竟高等司令部及予備隊の位置遠きに失し、敵の逆襲に対し之を救済するの時機を誤りたるものなり。貴官深く此に鑑み明朝の攻撃に当りては、必ず此弊を除き、各高等司令部適当の位置に進出して自から地形と時機とを観察し占領の機会を逸せず、且其占領を確実にすることを期せらるべし」という訓電を打電した（以上、「四手井講授」・『明治軍事史』下巻「満洲軍機密作戦日誌」）。軍司令部の指揮能力に対する不信任表明といってよい内容の電報である。

これを読んだ軍司令部の幕僚は第三軍日誌に、「二〇三高地失敗の原因果して右の如きか。

軍は未だ其の必ずしも此の如きにあらざるを信じあり。然れども今敢て茲に軍の行動を庇護するの要なし。須く此の訓示を服膺して益々其の然らざらんことを期するのみ」と書いた(「四手井講授」)。

十一月三十日の戦況 ―朗報と悲報―

大迫尚敏は、隷下部隊を、友安治延率いる二〇三高地攻撃隊と吉田清一率いる老虎溝山攻撃隊とに部署し、攻城砲兵の破壊射撃の効果を待って、十一月三十日午前十時から、二〇三高地と老虎溝山に同時攻撃をかけることとした。

三十日の午前七時から午前十時にかけて、二十八サンチ榴弾砲を含む攻城砲約百三十門が、突撃を側面から妨害している椅子山以西の堡塁・砲台と、二〇三高地・老虎溝山に対し、攻撃準備射撃を実施。午前十時、村上正路(第二十八連隊長)の率いる突撃隊が、砲撃の効果が表れたのを見て、二〇三高地東北部に対し突撃を開始した。だが、攻路を出て第三歩兵陣地に移動するまでの間に、老虎溝山からの機関銃による側射を受けて兵力の大部分を失い前進不可能となる。また、午前十一時過ぎに、西南部に対し突撃を実施した香月三郎(後備第十五連隊長)の率いる部隊も、敵砲兵による背射を受けて突撃発起位置まで押し戻されている。

一方、老虎溝山攻撃隊は午前十時三十分に突撃を開始し、一時中腹にある散兵壕を占拠したものの、手榴弾を使ったロシア軍の逆襲を受けて撃退された。

午後四時三十分、大迫は、二〇三高地攻撃隊長の友安から、「現況のままでは突撃成功の望みがない。突撃を強行するのであれば、隊伍(たいご)を整理して、夜襲を行なうのが良い」との意見具申を受けた（現代語訳。「第七師団戦闘詳報　第一号」）。だが、大迫は日没までに突撃を断行するよう命じ、さらに第二十七連隊第二大隊を二〇三高地攻撃隊に増加した。

午後五時、友安の伝令将校・乃木保典（乃木の次男）が「万難を排し速(すみや)かに突進するよう」にとの命令を村上に伝達。また、乃木保典から、日没までに二〇三高地を攻撃せよ、との命令を伝えられた第二十七連隊第二大隊が、集結地から前進を開始した。この時、西南(せいなん)戦争以来の歴戦者である大隊長の坂井源八(さかいげんぱち)は、交通壕の入口に立ち、西南戦争・日清戦争でも使用した日の丸鉄扇を広げ、将兵一人一人に「死ネッ」と訣別(けつべつ)の辞を与え、将兵は「死にます」と答えてから交通壕内に歩を進めたと伝わる。

かくして午後六時、二〇三高地攻撃隊が東北部に対する突撃を開始。老虎溝山からの側防機関銃により大損害を出しつつも、午後八時頃、東北山頂の占領に成功した。山頂到達時、攻撃隊は諸隊が混淆(こんこう)し、生存者が二十〜三十人にまで減少していたという。

ロシア軍が南斜面の散兵壕に留(とど)まって抵抗を続けていたため、攻撃隊はただちにロシア軍の逆襲に備え陣地を構築しようとした。だが、岩石地であるため塹壕を掘ることができない。そこで、攻撃隊は附近の死体を積み重ねて掩体とし急場をしのいだ。しかも、折からの烈風で砂塵が舞ったため、遊底（弾薬の装塡を行なう部分）に砂が入り射撃不能になる小銃が増加したのみならず、手榴弾を持たない日本軍は、敵と投石で交戦することを強いられた。兵士は不安のあまり「将校は居るか」と叫び声をあげ、将校の「居るぞ」と答える声が山頂にこだました。だが、「居るぞ」と答える声は次第に減少していき、やがて武川寿輔（第二十七連隊第五中隊長）の声のみとなってしまう（以上、『隊附日記の中より』）。

午後十時、軍司令部は、二〇三高地占領確実との報告を受領、ただちに大本営および満洲軍総司令部に電報した。だが、この日、軍司令部には朗報のみならず凶報も到来した。伝令任務に従事していた乃木保典が前額部に敵弾を受け戦死したとの報告がもたらされたのである。乃木の妻・静子が伊勢神宮で聞いた神の声が現実となったのだ。白井二郎から次男戦死の報告を受けた乃木は、ただ一言「そうか」とだけ述べ、次いで同じ報告をした津野田是重に対しては、「其の事なれば既に承知して居る。よく戦死して呉れた。之で世間に申訳が立つ。克く死んで呉れた」と言ったという（『谷戦史』・『斜陽と鉄血』）。

保典は兄の勝典戦死後に、第一師団長の配慮で危険な小隊長勤務から比較的安全な衛兵長に転職を命じられ、父の希典や上官に前線勤務に戻してくれるよう働きかけを行なっていた。

しかし、静子の縁戚に当たる友安治延が出征前に乃木家を訪問して、静子に保典を死なせないようにすると約束していたこともあり、保典は友安の希望で友安が旅団長を務める後備第一旅団副官の職に就いていたのである。その配慮が仇となり、保典は戦死したのだ。保典の死は乃木夫妻のみならず、友安にとっても悲劇といえた。

十二月一日の戦況　―敗報と混乱―

乃木にはさらなる悲劇が待ち受けていた。十二月一日午前二時頃、二〇三高地を占領していた部隊がロシア軍の逆襲を受け多数の死傷者を出し、突撃発起位置に撃退されたのである。投石と銃剣だけでは、ロシア軍の着発手榴弾の威力に対抗できなかったのだ。

軍司令部が二〇三高地失陥の報告に接したのは、午前六時五十分のことであった。第一師団に派遣されていた軍参謀の斎藤季治郎は、攻略失敗の主因が、日本軍の手擲弾がロシア軍のものと比べて著しく劣っているため、爆薬戦で常に敗北してしまうことと、第一線諸隊の将校がほとんど全員死傷したことにある、と報告している。この他にも、砲兵の配置が不適切であったため、老鉄山、西太陽溝堡塁、鵯鳩嘴方面の周辺堡塁・砲台からの砲撃を制圧できなかったことや、地質の関係で占領直後に陣地構築を行なえなかったことも敗因といえた。

それでも、乃木は二〇三高地失陥に挫けることなく、参謀本部次長と満洲軍総参謀長に宛てた電報において、敵の全力と雌雄を決せんとする現況では、戦況の一進一退は当然のことと考え、「根気と砲弾とをもって勝ちを制するより他に手段はない」との決意を示す（現代語訳。「第三軍戦闘詳報　第十号」）。

しかし、第一線は、突撃復行という乃木の決心を実行に移せない状況にあった。攻撃失敗は軍の指揮系統に問題を発生させていた。午前八時頃、二〇三高地攻撃隊長の友安治延が、隊長職の交代を自ら申し出たのである。実は友安は十一月三十日午後四時、「攻撃成功の見込みがない」ことを理由に交代を申し出ていた。この時は第一師団参謀長の星野金吾と第七師団参謀長の石黒千久之助が説得を行ない、師団長に報告することなく任務を続行させたため、友安も攻撃継続中であることを考慮して辞任を思いとどまる。だが、二〇三高地の占領維持に失敗したことで、一日朝、友安は「二〇三高地奪取はたとえ一個旅団を投入しても成功の見込みがない。手投爆薬が欠乏している現状では特にそうである。それゆえ、この際適当な人物と交代して欲しい」と述べて、再び辞職を申し出たのである（以上、現代語訳。「四手井講授」）。

つまり、友安は度重なる攻撃失敗に自己の戦術能力不足を痛感し、失敗の責任を取るため辞職を決意したのだ。今回は両参謀長もその申し出を師団長に報告。その結果、友安は隊長職を免じられ、第十四旅団長の斎藤太郎が後任の二〇三高地攻撃隊長に任命された。

『公刊戦史』第六巻によると、第一・第七師団を統一指揮する大迫尚敏は、この日の午後三時を期して、攻撃を再興するつもりであった。だが、各部隊が疲労していることや、隊伍整頓・体力回復・攻撃作業実施などといった諸準備を行なう必要があることを理由に、攻撃再興を延期する。しかし、この延期理由は『公刊戦史』の潤色で、実際の理由は、第一線の状況を視察した第七師団参謀が、いまだ回収・後送されない戦死者の死体や負傷者で満たされた「攻路内の惨状」を見て、「此上（このうえ）の惨劇は……」と大迫に報告したことにあった（和田亀治「日露戦役に於ける経歴談」）。

狭隘（きょうあい）な攻路内が未収容の戦死者・負傷者で満たされ、生存者も連日連夜の激戦で餓死の危機に瀕しているうえに、諸隊が混淆して「乱麻よりも甚しい」現状では、突撃を復行しても、成功の可能性がないと判断されたのだ（「第三軍戦闘詳報　第十号」）。

そして、第三軍が悲劇と混乱に見舞われていたまさにこの時、北方から大山巌が派遣した救世主が現れた。乃木と並ぶ二〇三高地攻略戦のもう一人の主役、児玉源太郎が高崎山に姿を現したのである。

四、敗北から勝利へ

二〇三高地奪還に死を賭した児玉

話は十一月二十九日に遡る。わずか一日の間に一旦占領した二〇三高地を二度までも奪還されたことを知った児玉は、もはや第三軍に任せておくことはできないと考え、「失敗回復」を目的に旅順に赴く決心を固め、満洲軍作戦主任参謀の松川敏胤にその意図を示した（『児玉源太郎関係文書』）。

松川は、「その必要はないであろう、特に前回の児玉の旅順行の前例に鑑み、北進軍のためにも南下を希望しない」と述べ児玉を諫止し、「必要ならば第三軍参謀副長を召致すればよろしかろう」（現代語訳）と発言。だが、松川と異なり旅順の戦況を死活的に重要と考える児玉は譲らず、「自分は大迫第七師団長と共に二〇三攻撃をあくまで貫徹せんとす。然し、行く目的は親友乃木と会い、軍に忠告するのみ故、安心して可なり」と答えた。児玉の旅順行きには西南戦争以前からの「親友」乃木の窮地を救うという目的もあったのだ。

そこで松川は、「乃木将軍へ、予に代り児玉を差遣す。児玉の云う所は予の云う所と心得べし」と書かれた書類を授けてくれるよう大山に請うべきだと提案。児玉は初めのうちは不要であると答えていたが、松川の熱心な説得に折れて、次のように書かれた大山の訓令を懐に旅順に赴くこととなった（以上、『谷戦史』）。

一、貴官を第三軍に派遣す。
二、余は第三軍の攻撃指導に関し、要すれば満洲軍総司令官の名を以て第三軍に命令することを貴官に委す。
（『明治軍事史』下巻「満洲軍機密作戦日誌」）

なお、近年、この訓令の存在に関し疑義が呈されているが、「満洲軍機密作戦日誌」に書かれていることなので、実在は確実である。ただし、児玉は乃木の説得に成功したので、訓令は未使用のまま大山に返納された。出発に際し、大山は自身の着用する毛皮のチョッキを脱いで児玉に与え、「日ましに寒気が強まるので、これを着て自愛するよう希望する」との言葉をかけている（現代語訳。『谷戦史』）。

十一月二十九日午後八時、児玉は満洲軍参謀の田中国重を連れて、機関車一輛が牽引する有蓋貨車に乗り込み、総司令部のある烟台を出発し旅順へ急行した。児玉の決心にはただならぬものがあった。出発前に「二〇三高地を占領せざれば生きて帰らず」と覚悟し、長男秀雄宛ての遺言状を書き、側近に託したほどである。

車中の児玉は、田中に命じて各停車場に到着するたびに旅順の戦況を確かめさせ、田中が寝ることを勧めても横になることなく、一言も発せずに腕を組んで考えに耽(ふけ)っていたと伝わる。

翌三十日、二〇三高地陥落の情報を接受した児玉は、初めて愁眉(しゅうび)を開き歓喜に満ちた顔色になり、第三軍に祝電を打電するよう命じた。だが、十二月一日の大連での朝食時、再奪還されたとの報告に接した児玉は激怒して「怪(け)しからん。第三軍の馬鹿野郎」と机を叩(たた)き、「田中、貴様は食ふなら食へ。元来、朝より洋食を食ふ馬鹿があるか、飯を呉れ」と述べて、食事を済ますや旅順に急行した（以上、「日露戦役回想談」）。

なおこの時、児玉は一個歩兵連隊（第十七連隊）を派遣するよう大山に要請し承認を得ている。この部隊は、新しく満洲に派遣された第八師団に属し、開戦以来の戦訓に学んで、当初から戦時定員を超える戦闘員三千二百四十七人を擁する精鋭部隊であった。二〇三高地奪還に死を賭(と)した児玉の尋常ならざる決意が窺(うかが)われる。

高崎山での乃木・児玉会談

十二月一日午前十一時三十分、児玉が長嶺子の駅に到着した。大庭二郎と津野田是重が児玉を出迎えたが、児玉の機嫌はすこぶる悪く、「何故に停車場に通信所を設置せざるや」と大庭を叱りつけている（『谷戦史』）。児玉は正午に柳樹房の軍司令部に到着して昼食を摂った後に同所を出発、曹家屯で乃木と邂逅し、一緒に高崎山に赴いた。この間、児玉は書類を点検し、機密日誌が途中までしか書かれていない怠慢を発見して、担当者である作戦主任参謀の白井二郎を叱責した。また、高崎山に向かう途中で、道路脇に墓地を発見した児玉は、補充兵の士気阻喪を憂慮し、墓地の移動を命じている。

　有名な児玉と乃木の会談は高崎山で行なわれた。近年発見された「日露戦史（手稿本）」によれば、児玉は「〔二〇三高地を〕執拗に攻撃し以て其目的を達成すべき」であるという大山の意図を乃木に伝達した。これは確実だが、以降の会談内容については諸説ある。

　田中国重の「日露戦役回想談」は、児玉が高崎山で「二〇三高地の指揮を予に委せよ」と語り、乃木が涙を流しながら「致方なし委す」もしくは「残念なれども君に委せる」と述べ同意したとする。他方、軍司令部の日誌などを利用して書かれた四手井綱正「日露戦史講授録　第一篇」は、乃木が「目的を達する迄、爾霊山の攻撃を続行す」との決心を示し、児玉が作戦に関し「友人として腹蔵なき意見を開陳すべき承諾」を乃木から得たとしている。

　なお、児玉の作戦指導関与に関して疑義を呈する見解もあるが、乃木が児玉に対し、軍の作戦指導に関与する許可を与えたのは間違いない。ただ、後述するように、児玉は乃木の権威を損ねないようなやり方で、実質的に指揮権を行使している。乃木も作戦指導を受けることには心理的抵抗があったであろうが、西南戦争で軍旗被奪の責任をとるため切腹しようとした自分を諫止してくれた児玉に対する深い信頼があったため、彼の要請に承諾を与えたのである。日露戦争の重要局面で、長年にわたり育(はぐく)まれてきた、乃木と児玉の深い親友関係が強力な効果を発揮したのだ。

十二月二～四日の戦況　―児玉は「そこから旅順港は見えるか」と叫ばなかった―

十二月二日から四日にかけて、第三軍は攻撃を停止して攻路掘削などの攻撃準備や作戦計画の立案を行なった。この間、第七師団の攻撃命令の軍隊区分に同じ中隊が二つ書かれていることを知った児玉が、第七師団参謀である白水淡(しろうずあわし)の陸軍大学校卒業徽章(きしょう)（通称「天保銭(てんぽうせん)」）を掴(つか)み、「これをよこせ、お前などはこんなものをつけてゐる資格がない」と激怒する一幕があった。この頃、各大隊や中隊は戦死傷者が続出し、生存者を集め集成中隊を作っていたため、このような誤りが生じやすかったのだ（『参戦二十将星　回顧三十年　日露大戦を語る陸軍篇』）。

十二月二日、第三軍が保持する二〇三高地の西南部山頂の一角から敵艦隊を通視可能であるとの報告を耳にした児玉は、攻城砲兵司令部部員の奈良武次に砲撃開始を督促し、国司伍七(くにしごしち)（満洲軍参謀）・白水・岩村団次郎（第一艦隊参謀）を観測将校として派遣した。「日露戦史

（手稿本）」によれば、児玉の命を受けた白水らは午前八時に出発して午後二時に帰着し、「爾霊山西南巓頂より旅順港内を見ること恰も我掌を指すが如く、大艦七隻、小船舶十五隻あり。宜しく速に同巓頂の西南角に堅固なる主脚地を作るを要す。然れども、過早に軍艦を射撃せば未だ其堅固ならざるに敵の砲火を誘致するに至らん」と報告した。

つまり、児玉が十二月五日の二〇三高地攻略後に、山頂にいる観測将校に対し「そこから旅順港は見えるか」と電話口で尋ねたという有名な逸話は虚構であり、二日の時点で児玉は同高地から旅順港が見えることをすでに把握していたのである。実際、「第三軍戦闘詳報第十号」を確認すると、二日から西南部山頂附近の一角に敵艦射撃用の観測所の設置工事が開始されている。

また、この日、東北部巓頂の敵胸墻内に日本兵が残存しているとの報告を得た児玉は、第七師団参謀長に対し、二〇三高地攻撃隊長の斎藤太郎にこの情報を伝えて、「速に該生存者に所要の弾薬と糧食を補充して之を助け、成し得れば該巓頂占領の動機を作り、能はずんば之を救助すべき」ことを要求するようにとの指示を与えている（『日露戦史（手稿本）』）。

三日、攻撃方法に関し、松村務本と大迫尚敏の意見が衝突した。松村は二〇三高地攻撃隊を側射する位置にある老虎溝山を最初に占領すべきであると主張したのに対し、大迫は日本軍が取り付き観測所構築が開始されている二〇三高地西南部から先に攻撃すべきだと主張し、互いに相譲らなかったのだ。

そこで、裁決を求められた乃木は、①二〇三高地と老虎溝山の同時攻撃は戦力分散に繋がること、②二〇三高地西南部に対しては突撃陣地と交通壕（攻路）が完成しており、この方面から攻撃をかければ側射を受ける恐れが少ないこと、③西南山頂を占領すれば、構築中の観測所を利用して敵艦射撃ができることを理由に、大迫の意見を採用。そして、最初に西南山頂を占領し、東北部と老虎溝山の攻略は、西南山頂の占領が確実になった後に着手する決心を固めた。

なお、『公刊戦史』第六巻によると、この攻撃案は児玉にも回覧され、児玉は斎藤に下問した後、承認を与えている。

公刊戦史や公刊戦史草稿の記述からも、児玉が乃木の作戦に承認を与えたり、作戦会議を主導したりする形（後述）で、指揮権を実質的に行使していた事実が確認できるのである。

児玉は二〇三高地で何を指示したのか？

児玉が攻撃に際し指示したことは、以下の四つであった。

一、第三軍の反対を押し切って、重砲隊（十二サンチ榴弾砲十五門、九サンチ臼砲(きゅうほう)十二門）

を大平溝に陣地変換し、二〇三高地を支援している西太陽溝・鴉鳩嘴の敵堡塁と老鉄山方面の諸砲台を制圧する（十二月三日午前二時命令下達、四日陣地変換完了）。

二、残兵が保持する二〇三高地西南部山頂の一角が敵の逆襲（恢復攻撃）により奪還されるのを防止するため（占領後、敵の逆襲に備えるためとする史料もある）、二十八サンチ榴弾砲で一昼夜十五分ごとに頂上附近を砲撃する。

三、二十～三十人で構成された突撃隊を、二〇三高地陥落まで繰り返し投入する（肉弾戦）。

四、砲兵隊の大隊長である上島善重の意見を容れて、二〇三高地背面から登ってくるロシア軍増援部隊に対する砲撃を許可する。

（長南政義『児玉源太郎』・『新史料による日露戦争陸戦史』）

一に関しては、田中国重の回想を典拠とした谷寿夫『機密日露戦史』が、重砲隊は椅子山の制圧のために高崎山に陣地変換したと書いていて、これが通説となっている。

だがこれは誤りで、十二月三日から四日にかけて、二〇三高地山頂の確実な占領保持に必要な西太陽溝・鴉鳩嘴・老鉄山方面の敵堡塁・砲台制圧のため、大平溝周辺に陣地変換したというのが正しい。十二サンチ榴弾砲は十五サンチ榴弾砲と並び、高い威力を有する攻城砲の新式主砲である。第三軍の保有する同砲（二十八門）の過半数を、二〇三高地を支援する諸堡塁・砲台の制圧に集中投入した児玉の決断が、攻略成功を呼び込んだのだ。

二に関しては、『奈良回顧』が次のように説明する。超過射撃（味方部隊の頭上を越えて行なわれる砲撃）となるため、味方歩兵に死傷者が出るとして、大迫尚敏から適当な方法を講じて欲しいとの提案があった。だが、奈良武次が、危害を回避しようとするならば、射撃を中止するか敵の後方を射撃するしかなく、攻囲戦開始以来の経験に照らすと、このことが突撃不成功の原因になると児玉と大迫に説明し、両人が納得したため、実施されることになった。一昼夜十五分ごとに二〇三高地頂上附近を砲撃せよという児玉の指示は、突撃実施時に敵兵に対する制圧効果を生み出し、同高地攻略に貢献した。

なお余談だが、超過射撃に関する児玉の指示は、その後の時代では一般的となるが、当時としては非常に革新的なものだった。そのため、日露戦争後にロシアの軍事学者が、日本軍が歩兵の突撃の瞬間まで超過射撃を実施したことに関し、兵士に戦闘用丸薬（征露丸(せいろがん)を誤解した）を服用させて、無感覚あるいは正気を失わせたうえで突撃を実施させているとして、日本軍の戦闘法を「残忍」、「狂暴無道」と非難するほどであった（『旅順の攻守戦に対する独逸将校の観察研究報告』）。

三に関しては、白井二郎が次のように回想している。満洲軍総司令官の代理として来ていた児玉は、「私共軍の参謀や師団の参謀長以下に対し、まるで大学校の学生に問題でも課するやうに、二〇三高地の攻撃案を提出せよ」と命じたが、白井らは点数を競うわけではないので「師団の参謀長以下皆一緒に相談して同一の答案を出した」ら、児玉も笑いながら「ウン、マアマア斯うだらう」と述べた。この答案は、二十人から三十人の突撃隊をいくつも作り、敵砲台から遮蔽されている場所に、繰り返し何度でも突撃するという「飽くまでも肉弾を注入する」案であった（「白井回想」）。

この白井の回想が正しければ、二〇三高地攻撃計画は第三軍および師団の参謀が計画し、児玉はそれを承認しただけである。また、二〇三高地は児玉が承認した肉弾を注入する攻撃法により陥落したことになる。「肉弾は日本人の得意である」（『明治天皇紀』談話記録集成』）と述べ、必要とあらば肉弾の効果的使用に躊躇しなかった乃木と軍司令部の肉弾攻撃ばかりが批判されることが多いが、児玉にも肉弾を投入するしか良策はなかったのだ。しかも、砲兵の良好な協力の下で、突撃隊を適切な区分と突撃法で同一地点に連続投入することは、戦闘原則にも合致していた。そして、第三軍と師団の参謀が立案し児玉が承認した、同一点に対する連続肉弾注入戦術の正しさは、十二月五日の戦闘で証明されることとなった。

十二月五日の戦況 ―二〇三高地陥落―

十二月五日午前七時頃、前日来射撃を行なっていた攻城砲兵は、二〇三高地と老虎溝山に対する射撃速度を増大させると共に、西太陽溝、鴉鳩嘴方面の敵砲兵に大打撃を与えた。

午前九時十五分、砲撃効果を確認した二〇三高地西南部攻撃隊長の村上正路は、第二十七・第二十八連隊の選抜隊（各九十人）を第一線に並列させ、第二十五連隊の選抜隊（三十人）を第二線とし、各隊に手擲弾班一班ずつを附して、突撃を開始した。各隊は小銃弾と手榴弾を浴びながら突進し、遂に西南山頂の敵陣地に突入する。だが、損害が大きかったため、村上は第二十七連隊の集成中隊に突進を命じ、続いて上司の斎藤も予備隊である第二十八連隊第二・第三中隊を注入した。

その結果、突撃隊は午前十時頃、西南山頂を占領できた。その際、周辺堡塁からの砲射撃が集中したため、生存者は約四十人にまで減少していた。児玉が制圧を指示したにもかかわらず、ロシア軍の砲火はこれほどの猛威を振るったのだ。もし、重砲の陣地変換と制圧射撃がなければ、この数はゼロに近かっただろう。突撃成功に対する児玉の指示の貢献度の高さがわかる。生き残った者は山頂に到達するや、太陽溝・椅子山方面からの砲火を浴びつつ、持参した土嚢を使い防御陣地を構築した。

午前十時三十分、二〇三高地東北山頂方面からの敵砲火が衰えた。だが、大迫尚敏は警戒して、西南山頂の占領が確実となるまで、東北山頂を攻撃してはならないと斎藤に厳命。しかし、東北山頂に対する攻撃準備をしていた沼辺（ぬまべ）六郎（ろくろう）（第二十八連隊集成第一中隊長）が、偵察の結果東北山頂の敵兵が少ないことをつきとめ、午後一時二十分に攻撃を開始したいと意見具申を行ない、認可を得る。そして突撃を開始した沼辺中隊は、大きな抵抗を受けることなく東北山頂を占領した。

十一月二十七日以来の二〇三高地の戦いにおける死傷者は七千五百七十八人（ロシア軍死傷者六千七百三十九人）であった。第三軍は最初から消耗戦による勝利を狙ったわけではないものの、攻囲下にあって兵力の補充ができないロシア軍が消耗戦に敗れたため、攻略することができたのである。

勝因は、二十七日以来の失敗の教訓に学び、①砲兵の配置を適切に変更し、西太陽溝、鴉鳩嘴方面の敵砲兵を制圧すると共に、敵の背後連絡線を砲撃して二〇三高地への増援を至難ならしめることに成功したこと、②戦闘が単なる一つの高地の争奪戦にとどまらず決戦の性格を帯びていることを看破するや、永久堡塁とは異なり肉弾と二十八サンチ榴弾砲の威力が効く臨時築城の二〇三高地で敵に決戦を強要したこと、③二〇三高地・老虎溝山の同時攻撃を改め、突撃陣地と交通壕が整備されていた二〇三高地西南部を突撃点に選び、この地点に突撃隊の突入後時機を失することなく次々と兵力を増加して攻撃衝力を保持したこと、④あらかじめ土嚢を準備しておき、山頂を占領するやただちに陣地構築を実施したことなどにあった。①は児玉の功績、②・④は乃木と彼の率いる第三軍の功績、③は双方の功績といえた。

第三軍は、五日午後二時から二〇三高地からの観測に基づいた間接射撃を実施し、次々と敵艦に砲弾を命中させて、敵艦隊の大部分を撃沈または自沈に追い込んだ。かくして、旅順港のロシア太平洋艦隊撃破という刻下緊要の任務は達成され、ここに、旅順攻城作戦は一段落を画することとなったのである。

第三回総攻撃を通じての死傷者は一万六千九百三十六人。特に二〇三高地攻略戦の主役を務めた第七師団の損害が多く、同師団の減耗率は約五十六パーセントに達した。また、第三回総攻撃では死傷者の創種原因のうち、爆創が約十六・七パーセントを占め、この戦いでいかにロシア軍の手榴弾が猛威を振るったのかが窺える数字となっている。

「第三軍戦闘詳報　第十号」は、二〇三高地の奪取は旅順要塞に致命的打撃を与え、「旅順要塞の陥落を速かならしめ」る効果があった、それゆえこの戦闘には単なる一つの高地の占領にとどまらない「日露戦争勝敗の分岐点たる大関門」を奪取したに等しい意義があったと述べている。第三軍はこの地での一大決戦をこのように自己評価したのだ。評者により賛否が分かれそうなところではあるが、「大庭日記」の十二月二十五日条によると、占領以降、ロシア軍の兵威は見てわかるほど衰えたというから、この評価は的を射たものといえそうだ。

児玉源太郎の役割をどう評価すべきか？

本節を終わるにあたり、①二〇三高地攻略成功に対する児玉の寄与度に対する評価と、②戦闘が肉弾戦の様相を呈した理由について考察してみたい。

児玉が、乃木の承諾を得て実質的に指揮権を行使したことは確かである。だが、彼は軍の参謀に質問をしてそれを承認するという、参謀の智囊（ちのう）を巧みにリードする方法で作戦を指導した。児玉と乃木の会見を知らない参謀たちは、自分が命令されたとは感じていなかったであろう。児玉は親友・乃木の権威に傷がつかないよう巧妙に作戦を指導したのだ。旅順行きに際し、彼は松川敏胤に「親友乃木と会い、軍に忠告するのみ故、安心して可なり」と述べているが、この発言は本心であったのだ。だからこそ、松川が勧めた訓令の携行を渋ったのである。

旅順における児玉の的確な作戦指導、迅速な決断および即決的措置が、二〇三高地陥落を早く実現させたことは確実だ。「児玉が来なくても二〇三高地は落ちた」という研究者もいるが、児玉が来なければ、陥落時期は遅延し、より多くの損害が出ていたであろう。特に、彼が第三軍幕僚の反対を押し切って重砲隊を陣地変換させ、重火力を集中運用した効果は大きかった。また、反対者の存在と決断に躊躇する伊地知の性格とを考えると、重砲の陣地変換にしても、二十八サンチ榴弾砲による十五分ごとの頂上砲撃にしても、児玉が作戦に関与しなければ、史実のような迅速な決定と措置は行なわれなかったはずである。

ただし、児玉のやり方は、陸大問答的な方法で軍司令部や師団の参謀の考えを引き出すものであったため、彼らが従来の経験に基づいて二〇三高地陥落という正答を導き出したのも確かといえる。また、①肉弾と火砲の威力が発揮しやすい二〇三高地で敵に決戦を強要する、②二〇三高地・老虎溝山同時攻撃を改め、二〇三高地西南山頂攻略を優先させる、という二つの決断は乃木が行なった。

乃木や、軍司令部・師団の参謀たちが果たした役割も、小さくはないのだ。したがって著者は、児玉の役割を高く評価しつつも、乃木、軍司令部幕僚、師団参謀も攻略の立役者であったと評価したい。

乃木の決断および児玉の作戦指導が適切かつ有効であったのみならず、ロシア軍の兵力が消耗していたこともあり、十二月五日に二〇三高地は日本軍の手に落ちたのである。

なぜ肉弾戦となったのか?

次に、二〇三高地の戦闘―と旅順攻囲戦―が、肉弾戦の様相を呈した理由について検討してみたい。この論点については、海軍随一の智将にして兵学者として知られた連合艦隊参謀の秋山真之が興味深い分析を行なっている。

秋山によると、戦争や戦闘は「天地人の三大要素」を応用して戦われる。旅順攻囲戦では、ロシア軍が「地の利」（＝要塞）を、日本軍が「人の和」（＝兵力数の優位）を得ている。最終的に人の和が地の利に勝つのは自然の真理であるが、地の利は破壊困難な天然固有の地形に依存して敵に対抗する戦闘形態であるため、人の和をもって地の利に拠る敵を攻撃する側は、多大な人的犠牲を支払い、破壊困難な地の利に籠る敵兵を時間をかけて減殺させていくことで、地の利の価値を少しずつ失わせて、最終的な勝利を獲得するしかない。

つまり、人の和を利用する戦闘は、多大な人的損害を出しつつ、敵の地の利に勝つ戦闘形態であるのだ。それゆえ、第三軍が旅順攻囲戦において、野戦と比較して多大な人的損害を出していることは驚くことでも批判に値することでもなく、敵を消耗戦に引きずり込むことで敵兵力を欠乏させ、兵力不足により要塞の価値を無価値にする戦法こそ、要塞戦における「最良戦策」なのだという（「極秘海戦史」十二月五日附岩村団次郎宛秋山真之書簡）。

この他にも秋山は、二日附けの書簡で、二〇三高地における敵の逆襲（恢復攻撃）はそのたびごとに敵兵力が大きく減殺される結果を招くので、旅順要塞を屈服させるためには敵の逆襲の回数が多ければ多いほど良いと述べてもいる。

秋山の分析は本質を衝いた議論といえる。要塞戦はその性質上、一定程度の人的損害が出ることを覚悟して戦わなければ、勝利を得ることのできない戦闘形態である。しかも、砲弾不足の状態で、早期の攻略を要請された第三軍は、肉弾に依存せざるを得ない側面もあった。砲弾不足、時間的制約という難問を抱えながらも、肉弾と砲撃効果の効きやすい臨時築城の二〇三高地で敵に決戦を強要したという意味で、第三軍は秋山の述べる要塞戦における「最良戦策」を実行したと評価できそうである。

五、旅順開城

総攻撃方式の放棄と各個攻撃方式の採用

第三軍は旅順艦隊の撃破を達成したことで、攻略時期に関する時間的制約から解放されることとなった。そこで、十二月十日、軍司令官は次のような決定を下す。

一、今後の攻撃は、広正面に一気呵成（いっきかせい）的攻撃を行ない多大の損害を出すことなく、「最も確実」な方法、かつなるべく損害が少ない方法で実施する。

二、そのため、可能な限り「攻撃作業」を行なって敵堡塁の防御力を削減し、かつ全力を一堡塁に集中し、一塁の奪取後に逐次これを次の一塁に及ぼすこととする。

三、攻撃作業は、堡塁の正面胸墻の大爆破を実行して、これにより堡塁内への突入を容易にすると共に、胸墻上に拠点を保有するように指導する。

四、攻撃目標となる堡塁は、松樹山・二龍山・東鶏冠山北の三堡塁とする。

（「四手井講授」）

つまり、乃木は攻撃方法の大転換を行ない、①従来の総攻撃方式（数堡塁を同時に攻撃する方法）を放棄し、②各個攻撃（攻撃作業全力を一つの堡塁に集中して一堡塁ごと逐次に攻略する方法）を採用したのである。また、その際に、③攻撃作業・坑道戦を重視している。旅順艦隊を撃破したことで、時間的制約から解放され、以前に比べて時間的余裕が出てきたことにより、この戦術転換が可能となったのだ。

この戦術転換は成功を収め、十八日には東鶏冠山北堡塁が、二十九日には二龍山堡塁が、三十一日には松樹山堡塁が相次いで陥落している。

なお、今回の坑道作業は極めて大規模なものであり、最も堅固と評された東鶏冠山北堡塁の場合、堡塁下に二本の大坑路を掘進、十六日までに八個の薬室をつくり、総計二千三百五十キログラムの火薬を装塡して胸墻爆破を実施した。爆破に際し、土石が半径約三百～四百メートルの周囲に落下し、突撃隊の一部が生き埋めとなっている。この爆破により形成された巨大な噴火孔を拠点として利用し、突撃兵が熾烈な近接戦闘をしかけたため、さしもの東鶏冠山北堡塁も陥落せざるを得なかった。

「井上回想」は、攻撃成功の主たる原因として、胸墻爆破と、総攻撃方式の放棄に伴ない、攻城砲兵の全火力が一堡塁に集中使用可能となったことの二点を挙げている。

旅順開城と水師営の会見

主要堡塁が陥落し、明治三十八年（一九〇五）一月一日午後三時四十分に望台も占領されたことで、アナトーリイ・ステッセル中将は降伏を決意した。望台占領が旅順の死命を制すると見た軍司令部の判断の正確さが証明された瞬間であった。

同日、ステッセル中将は、防御会議を召集することなく、独断で日本軍に軍使を派遣して旅順開城を通告する。ロシア軍には、多数の上長官が開城に賛成しても、一人でも反対者があれば開城してはならないという規定があったが、望台が占領されたことで継戦意志を喪失した中将は、この規定に反する行動をとったのである。

そして、翌二日午後九時三十五分に、日露両軍の委員が水師営にある第三軍第一師団衛生隊繃帯所（清国人・李其蘭の家屋）で「旅順口開城規約」に調印し、旅順攻囲戦は終結した。

乃木は、開城交渉開始以前に、参謀総長から、ステッセル中将が祖国のために尽くした功績を称(たた)え、中将の武士としての名誉を尊重すべきであるとの明治天皇の聖旨を伝達されていた。そのため、聖旨に則(のっと)り、「旅順口開城規約」第七条で、ロシア軍の勇敢なる防御を称え、ロシア陸海軍の将校および官吏の帯剣を許可した。乃木の武士道精神を示すものとして有名な措置である。だが、実はこの措置は、ステッセル中将個人の武士の名誉を尊重すべしとする天皇の内意を乃木が誤解し、これをロシア陸海軍全将校にまで及ぼしたものであった。そのため、参謀総長はこの乃木の処置を誤ったものであると上奏し、天皇もこれに「同感」の意を示している（『日露戦争と井口省吾』「備忘録」）。

　ステッセル中将が会見を申し込んできたため、乃木は彼の希望を容(い)れて、五日午前十一時から開城規約が締結された水師営の繃帯所家屋で会見を行なうこととした。五日午前十時四十五分、中将は、乃木が派遣した津野田是重に先導されて会見場に到着。だが、乃木が会見場に姿を現したのはそれから約四十分後の午前十一時三十分のことであった。日本軍が東京時間、ロシア軍が現地時間で行動したため、両軍の標準時に差異があり、前日に津野田を派遣して行なわれた両軍間の打ち合わせに手抜かりがあったことに起因して起きたハプニングであった。

　午前十一時三十五分から午後一時二十分にかけて行なわれた会見は、敵対行為が終息したこの機会に貴下と会見することを喜ぶという乃木の言葉に、ステッセル中将が同趣旨の挨拶を返すことから始まった。続いて乃木は、明治天皇が貴下が祖国のために尽くした勲功に対し武士の体面を保持させるよう望んでいる旨を伝え、中将が「無上の名誉」であると応じている。以後、雑談となり、中将は二十八サンチ榴弾砲弾の効力が偉大であったことと日本軍工兵の勇敢さを称揚し、アラビア産の乗馬を乃木に贈呈したいと発言。だが、軍紀を重んじる乃木は、馬匹(ばひつ)は兵器であるため一度委員に引き渡した後、相当の手続きを経たうえで受領すると回答する。この馬が有名な寿(ことぶき)号(一般に知られる寿号(ス)という読みは誤り)である。

次いでステッセル中将は、乃木が勝典・保典の二子を戦場で喪(うしな)ったことに対し弔意を述べ、乃木は二子が共に「武人として死所を得たるを喜ぶ」と応酬。そして、中将が、将来日本軍のような勇敢無双の軍隊と一緒に活動することを希望する旨を述べ、対話は終了し、両将は簡単な午餐(ごさん)を共にした後、写真撮影を行なって相別れ、世に名高い水師営の会見は幕を閉じた(乃木希典「水師営の会見電報」)。

明治三十八年一月二日に旅順が開城した意義

旅順攻略の成功には次のような意義があった。第一に、国内外の輿論(よろん)に対する宣伝効果だ。旅順陥落により、国内外、特に外国において、日本が戦争を有利に進めているとのイメージが強まった。それを具体的に示すのは、外債発行額(日本公債に対する人気)の上昇である。

旅順陥落前の第二回の外債発行額は約一億千七百十五万円であったが、旅順陥落を契機に日本公債の価格が上昇すると共に、陥落後に募債された第三回の外債発行額は約二億九千二百八十九万円と第二回の約三倍の額となった。しかも、第二回までは利率約六パーセント、償還期限七年であったのが、第三回は利率約四・五パーセント、償還期限約二十年と発行条件も有利になっている。

第二に、第三軍の奉天会戦参戦が可能になったことだ。『旅順の攻守戦に対する独逸将校の観察研究報告』によると、日露戦争後、欧州の軍事学者の間で、ステッセル中将の旅順開城の決断が早過ぎたか否かに関して議論が生じた際、たとえ食糧と弾薬が不足していたとしても、あと八日間は抵抗を持続することができたとの評価が存在した。

第三軍は旅順入城二日後の明治三十八年一月十五日より北進を開始し、辛うじて奉天会戦に参加することができた。たとえば、鴨緑江（おうりょくこう）軍に隷属（れいぞく）替えとなった第十一師団の集中完了は二月十九日、鴨緑江軍の行動開始は二十二日である。しかも、ロシア軍は、二十五日より日本軍に対する攻勢開始を企図していたが、日本軍の攻撃開始が早かったため防勢となることを強いられている。それゆえ、もしステッセル中将が、一月二日に降伏することなく抵抗を継続し、第三軍をあと八日間牽制していたならば、第三軍は奉天会戦に参加できていない。それどころか、日本軍はロシア軍に主導権を握られて防勢作戦を強いられ、史実とは逆に、奉天会戦の勝者はロシアとなっていた可能性があった。この事態を防ぐことができたという意味で、第三軍が望台を攻撃目標とし、一月二日に旅順を陥落させた意義は大きい。

おわりに　―伊地知と乃木の評価―

最後に、「軍参謀長」伊地知幸介と、「軍司令官」乃木希典に対する評価について考えてみたい。

本書で指摘したように、「老朽変則」という伊地知に対する批判は冤罪(えんざい)であった。伊地知は、日露開戦直前の明治三十七年一月、京城公使館附に任じられ、特別任務に従事している。その際、フランス語に堪能(たんのう)で西洋の風俗習慣に精通していた彼は、外国人の間で非常に信任があったため、開戦直前直後の外交問題を巧妙に処理することに成功。また、日韓議定書締結交渉が難航した際、一計を案じ、調印反対者である大蔵大臣李容翊(りようよく)を巧みに説得し日本に送り出している。その意味で、伊地知は特別任務や情報収集任務に秀でた人物であったといえる。

だが、軍参謀長としての能力には問題があった。「気の長い人で〈中略〉容易に決定を与へない」（井上幾太郎）、「殊(こと)に躊躇(ちゅうちょ)逡巡(しゅんじゅん)して決断力に乏し」（佐藤鋼次郎）、「伊地知等が優柔不断之説を講じ、其為め乃木は判決に困しみ遷延躊躇之情況」（山県有朋）と評されたように優柔不断で過度に慎重であったため、軍司令官の補佐に失敗し、旅順開城後に旅順要塞司令官に左遷されたのである。しかも、旅順戦の間、喘息を抱えており健康面でも問題があった。

伊地知の評価は難しい。人には得手不得手がある。特別任務や情報収集任務には抜群の手腕を発揮した伊地知であるが、参謀の意見を集約し軍司令官に作戦方針を提示するという軍参謀長としての職務には不向きな性格といえた。近年では再評価論もあるが、軍参謀長としては明らかに失格であったのだ。

では、乃木の評価はどうであろうか。確かに乃木には、①前進陣地や大孤山・小孤山を早期に攻略しなかったこと、②第一回総攻撃の途中で作戦変更を行ない勝機を逸したこと、③第二回総攻撃において二十八サンチ榴弾砲の永久堡塁に対する破壊効果を過大視し、歩兵による突撃は容易に成功すると判断したことなどの判断ミスが存在する。

だが、乃木は不確実性に満ちた戦闘を、限られた情報に基づいて戦っていたのであり、判断ミスや失敗が生じるのは当然である。しかも、陸軍首脳部の責任である砲弾不足などの準備不足や、バルチック艦隊来攻までに旅順艦隊を処分しなければならないことに象徴される時間的制約といった、不利な条件下で戦闘を戦うことを強いられていた。さらに、陸軍の研究不足が原因で、外壕の幅員や側防機関の有無といった要塞の詳細な構造を第二回総攻撃後まで知ることができず、何を計画するにしても確固たる実戦的な基礎を持たずに攻撃せざるを得なかった。また、③に関しては、対艦用の海岸砲である二十八サンチ榴弾砲を攻城砲として使用することが前代未聞であったため、同砲の堡塁に対する破壊力に関して正確な理解が不足していたのはやむを得ないことといえよう。

その一方で、乃木には多くの評価すべき点が存在する。第一に、乃木は決断力に優れていた。①第一回総攻撃失敗後に決断により評価されるべきであるが、乃木は決断力に優れていた。①第一回総攻撃失敗後に幕僚が主張する東西盤龍山放棄論に一人反対して、その維持を決定し本防御線攻撃の拠点を確保したこと。②強襲法の継続を主張する各師団参謀長の反対を抑えて正攻法に戦術を転換し、旅順攻略のきっかけを作ったこと。③戦闘が単に一つの高地の争奪戦ではなく、要塞全体の死命を制する決戦の性格を帯び始めていることを看破するや、肉弾や二十八サンチ榴弾砲の威力が効きやすい臨時築城の二〇三高地でロシア軍に決戦を強要することを決断し、開城の時期を早めたこと。④二〇三高地の攻撃方法に関して意見が分かれた際に、突撃陣地と交通壕（攻路）が完成していて他方面より攻略容易な西南部を突撃地点に選び、ここに戦力を集中させて陥落のきっかけを作ったことは、いずれも旅順攻略に繋（つな）がった決断という意味で高く評価されてよい。

第二に、軍司令官は直接戦闘指揮に当たるというよりも、個々の幕僚の能力を引き出すことで、司令部の組織的能力を効果的に活用することが重要となってくるが、この点において優れていた。乃木は強襲法を採った第一回総攻撃が失敗するや、手探りの状態で要塞攻略のための戦術や兵器の改良・創造を主導していったが、この時、井上幾太郎に対して第一回総攻撃の戦訓を活用して突撃教令を起草するよう命令したり、今沢義雄率いる攻城工兵廠が考案した迫撃砲などの新兵器を採用したりしている。

第三に、乃木には、全軍の約三十一パーセントの死傷者を出した第一回総攻撃失敗後も、各師団長から不満の声があがらなかったほどの統率力があった。しかも、彼は旅順攻囲戦の期間中、時間があれば第一線を巡視し将兵を労ったため、最前線で戦う将兵からの信望もあつめている。

この他にも、自己が指揮する軍が苦戦している最中でも視野狭窄に陥ることなく、満洲軍全体の利益を考えることのできた大局観、連合艦隊に配慮し陸海軍協同作戦を成功に導いた優れた人格、国際社会の輿論に配慮して戦時国際法を尊重する美点もあった。乃木が持つこれらの長所は、名将という名に恥じないものであろう。

ところで、旅順攻略成功の主因は、失敗から適切な戦訓を導き出し、戦術を改良していった軍司令部の柔軟な対応力・思考力にあった。すなわち、第三軍は、第一回総攻撃失敗から曝露された地域を躍進しての強襲法が無謀であることを学び、正攻法を採用すると共に、歩砲工の協同を密接にしている。また、第二回総攻撃失敗の原因が側防機関（外岸穹窖（がいがんきゅうこう））と外壕の存在にあると気づくや、外岸穹窖を爆破・占領すると共に、外壕通過設備の完成に努めている。さらに、旅順攻略の確信を持って開始した第三回総攻撃で東北正面に対する突撃が失敗すると、失敗の原因となった胸墻（きょうしょう）破壊に全力を尽くした。

戦争では開戦前に予期していなかった新たな事象が常に出現して、これが指揮官や幕僚を悩ませる。戦場の新しい現実に対して柔軟かつ巧妙に対処できるか否かが、指揮官の能力を問う試金石となるのだ。二十世紀に入り最初の大規模要塞攻略戦となった旅順攻囲戦は、十年後の第一次世界大戦で一般的となる、機関銃に代表される近代兵器の殺傷力の高さを先取りした戦闘であった。第一次世界大戦では、多くの軍人が戦場の新しい現実に柔軟に対処できず、多大な死傷者を出して作戦に失敗するケースが多かったが、乃木は損害を出しつつも戦訓に学び、戦場の新しい現実に臨機応変に対処して旅順を陥落させている。こうした、柔軟な対応力・思考力は、高く評価されて然（しか）るべきである。

旅順陥落直後の明治三十八年一月四日、乃木は親友の寺内正毅に宛てて、「弾丸と人命と時日之多数を消費しつゝ埒明（らちあ）き不申（もうさず）候為め唯々（ただただ）苦悶慚愧（もんざんき）之外無之（これなく）、漸（ようや）く須〔ステッセル〕将軍も根気負けの気味にて開城致し呉（く）れ、当方面の一段落を得候。無智無策の腕力戦は上に対し下に対し今更ながら恐縮千万に候」と、旅順攻囲戦で「無智無策の腕力戦」を演じ、攻略までに多数の人命・砲弾・時間を費やしたことに責任を感じて、そのことを天皇と国民に詫びる書簡を書いている（『寺内正毅と帝国日本』明治三十八年一月四日附寺内宛乃木書簡）。

さらに、乃木は凱旋後に、他の軍司令官が形式的内容の復命書を明治天皇に奉呈する中にあって、軍中央部の反対を押し切り、自軍の失策や過誤を認める内容の復命書を奉読した。また、日露戦争後、生活に苦しむ戦死者遺族のために、自身の生活費を節約して捻出した金を見舞金として贈ったり、墓碑銘を揮毫したりするなど、軍人遺家族の援護や廃兵慰問にも熱心であった。この戦死傷者や自己の失敗に対する旺盛な責任感こそ、彼の統率の最大の特徴といえる。

確かに、乃木の作戦には判断ミスや失敗が存在した。だが、児玉源太郎も含め名将といえども、判断ミスや失敗と無縁ではない。軍人は不確実性に満ちた戦争を限られた情報に基づいて戦う必要があるため、当然判断ミスや失敗をおかす。そのうえで、近代日本の他の野戦軍指揮官と比較した場合、乃木の決断や作戦は総じて的確といえた。指揮力や決断力のみならず、統率の基盤となる人格も含め、乃木の存在が旅順攻略に寄与した度合いは大きい。そして何よりも彼は、悪条件が重なる中で軍を立て直し「負けいくさ（lost battle）」を逆転勝利に導いた、近代日本史上稀有な軍人なのである。それゆえ、乃木は軍司令官として名将と評されて然るべきだといえよう。

主要参考文献一覧

未刊行史料（順不同）

一、国立国会図書館憲政資料室所蔵

「寺内正毅関係文書」

二、著者所蔵

四手井綱正「日露戦史講授録　第一篇（旅順攻城戦）」（陸軍大学校、一九四二年）、「宮本照明日誌」、第三軍司令部編刊「旅順要塞攻撃作業詳報」（一九〇六年）、「攻城兵器提要」、「攻城砲兵提要」（陸軍要塞砲兵射撃学校、一九〇四年）、金子砲兵少佐「旅順攻城戦史」

三、福島県立図書館佐藤文庫所蔵

参謀本部「日露戦史史稿審査に関する注意」、参謀本部「明治三十七八年日露戦史編纂綱領」、「日露戦史（手稿本）」

四、防衛省防衛研究所戦史研究センター所蔵

大庭二郎「大庭二郎大将　難攻の旅順港」、大庭二郎「大庭二郎中佐日記」、「第三軍戦闘詳報」第一～第五・第七・第十号、「明治三十六年一月起　部長会議録　第貳号」、海軍軍令部編「極秘明治三十七八年海戦史」、大庭二郎「第3軍の旅順攻略関係史料」、「大本営将校同相当官高等文官勲績明細書綴」、「日露戦役参加者史談会記録」、上原勇作「日露戦役の感想」、「明治三十五年五月起部長会議録」、「明治三十七八年戦役陸軍省軍務局砲兵課業務詳報」、「旅順攻囲軍参加日誌」、「旅順攻囲軍参加日誌別綴　明治三十七年」、村上

啓作「日露戦史講述摘要」、「第3軍の旅順攻略関係史料」⑧「廿八珊米榴弾砲々床築設及火砲据付予定」、「陸軍との交渉及協同作戦」、「自十一月二十六日至同二十七日旅順方面に於ける軍特別予備隊戦闘詳報」、「自十一月三十日至十二月六日旅順方面に於ける第七師団戦闘詳報」、乃木希典「水師営の会見電報　明治三十八年一月八日」

五、靖国神社靖国偕行文庫所蔵
井上幾太郎「日露戦役従軍日記一～二」、井上幾太郎「旅順攻城戦史」、金子砲兵少佐「旅順攻城戦史」、大沢界雄「日露戦役日誌」

史料集（著者五十音順）

井口省吾文書研究会編『日露戦争と井口省吾』（原書房、一九九四年）
大沢宗雄編『立志の人大沢界雄』（大覚寺、一九九一年）
大山梓編『山縣有朋意見書』（原書房、一九六六年）
海軍省編（奥付は海軍大臣官房編）『山本権兵衛と海軍』（原書房、一九六六年）
尚友倶楽部山縣有朋関係文書編纂委員会編『山縣有朋関係文書』1～3（山川出版社、二〇〇五～二〇〇八年）
尚友倶楽部児玉源太郎関係文書編集委員会編『児玉源太郎関係文書』（同成社、二〇一四年）
千葉功編『桂太郎関係文書』（東京大学出版会、二〇一〇年）
千葉功編『桂太郎発書翰集』（東京大学出版会、二〇一一年）
長南政義編『日露戦争第三軍関係史料集　大庭二郎日記・井上幾太郎日記でみる旅順・奉天戦』（国書刊行会、

二〇一四年）　※大庭二郎「大庭二郎中佐日記」、大庭二郎「難攻の旅順港」、井上幾太郎「日露戦役従軍日記一」、井上幾太郎「日露戦役経歴談」、白井二郎「旅順の攻城及奉天会戦に於ける第三軍に就て」を所収。
鶴田禎次郎『鶴田軍医総監日露戦役従軍日誌』（陸軍軍医団、一九三六年）
長岡外史文書研究会編『長岡外史関係文書　回顧録篇』（長岡外史顕彰会、一九八九年）
長岡外史文書研究会編『長岡外史関係文書　書簡・書類篇』（長岡外史顕彰会、一九八九年）
乃木希典著、玉木正之筆写「旅順攻撃日誌（一）～（最終回）」『洗心』第162・163・165・167・169・170号（乃木神社中央乃木会、二〇一〇～二〇一三年）
波多野澄雄・黒沢文貴責任編集『侍従武官長奈良武次日記・回顧録』第四巻（柏書房、二〇〇〇年）
秀村選三監修『森俊蔵日露戦役従軍日記』上・下巻（高志書院、二〇〇四・二〇〇六年）
堀口修監修・編集『臨時帝室編修局史料「明治天皇紀」談話記録集成』第一巻、第六巻（ゆまに書房、二〇〇三年）
山本四郎編『寺内正毅日記　1900～1918』（京都女子大学、一九八〇年）
陸軍省編『明治天皇御伝記史料　明治軍事史』下巻（原書房、一九七九年）
和田政雄編『乃木希典日記』（金園社、一九七〇年）

著書・論文（著者五十音順）

朝日新聞社編刊『名将回顧日露大戦秘史　陸戦篇』（一九三五年）
石原廬「旅順要塞第一回総攻撃の概要」高原友生『悲しき帝国陸軍』（中央公論新社、二〇〇〇年）

伊藤幸司・永島広紀・日比野利信編『寺内正毅と帝国日本』（勉誠出版、二〇一五年）
伊藤之雄『明治天皇』（ミネルヴァ書房、二〇〇六年）
井上幾太郎『旅順の攻守戦に対する独逸将校の観察研究報告』（偕行社、一九〇七年）
井上幾太郎伝刊行会編刊『井上幾太郎伝』（一九六六年）
猪熊敬一郎『鉄血　日露戦争記』（明治出版社、一九一一年）
今村均『今村均回顧録』（芙蓉書房、一九八〇年）
ウォッシュバーン、スタンレー『乃木』（文興院、一九二四年）
大江志乃夫『日露戦争の軍事史的研究』（岩波書店、一九七六年）
大江志乃夫『日本の参謀本部』（中央公論社、一九八五年）
大江志乃夫『日露戦争と日本軍隊』（立風書房、一九八七年）
偕行社日露戦史刊行委員会編『大国ロシアになぜ勝ったのか』（芙蓉書房出版、二〇〇六年）
カラムイシェフ『白襷隊　旅順籠城回想録より』（芦川長太郎、一九三七年）
甘露寺受長ほか「座談会　明治大帝の御日常を偲び奉る」『新民』第一三巻第七号（新民会、一九六二年）
菊池又祐『親としての乃木将軍』（第一出版社、一九三八年）
木村惣平『旅順要塞総攻撃』（岡倉書房、一九三五年）
旧参謀本部編纂、桑田忠親・山岡荘八監修『日本の戦史　日露戦争』上・下巻（徳間書店、一九九四年）
宮内省臨時帝室編修局編『明治天皇紀』全十二巻（吉川弘文館、一九六八～一九七七年）
クラウゼヴィッツ、カール・フォン『戦争論　レクラム版』（芙蓉書房出版、二〇〇一年）
桑田悦「旅順要塞の攻略はいつ、いかにして決定されたのか」『軍事史学』第一七巻第三号（並木書房、一九

八一年）
桑田悦ほか編『近代日本戦争史　第一編　日清・日露戦争』（同台経済懇話会、一九九五年）
桑原嶽『乃木希典と日露戦争の真実　司馬遼太郎の誤りを正す』（ＰＨＰ研究所、二〇一六年。『名将乃木希典』〈中央乃木会、一九九〇年〉の改題・再編集版）
軍事史学会編『日露戦争(二)　戦いの諸相と遺産』（錦正社、二〇〇五年）
コスチウッコ『明治三十七年十一月―十二月旅順に於ける二〇三高地の戦闘』（東京偕行社、一九一二年）
小林道彦『児玉源太郎　そこから旅順港は見えるか』（ミネルヴァ書房、二〇一二年）
菰田康一編『昭和五年陸軍大学校満鮮戦史旅行講話集』（陸軍大学校将校集会所、一九三〇年）
桜井忠温『肉弾』（英文新誌社、一九〇六年）
佐藤鋼次郎『日露戦争秘史　旅順攻囲秘話』（軍事学指針社、一九三〇年）
佐藤秀守「28センチ榴弾砲と日露戦争」『防衛学研究』第16号（日本防衛学会、一九九六年）
佐山二郎『日露戦争の兵器』（光人社、二〇〇五年）
佐山二郎「二十八糎榴弾砲解説書」（ピットロード、二〇一〇年）
参謀本部編『明治三十七八年日露戦史』全十巻・附図全十巻（東京偕行社、一九一二～一九一五年）
参謀本部編『戦史及戦術の研究第一巻　陣地攻撃』（偕行社本部、一九一八年）
参謀本部編『戦史及戦術の研究第二巻　要塞攻撃の教訓』（偕行社本部、一九一八年）
参謀本部編『明治三十七・八年秘密日露戦史』（巌南堂書店、一九七七年）
参謀本部第四部編『明治三十七八年役露軍之行動』全十二巻（東京偕行社、一九〇八～一九一〇年）
四手井綱正『戦争史概観』（岩波書店、一九四三年）

篠田次助『血と代へる土』（織田書店、一九三一年）
司馬遼太郎『坂の上の雲』一～八（文庫新装版、文藝春秋、二〇〇九年）
島貫重節『戦略日露戦争』上・下巻（原書房、一九八〇年）
宿利重一『増補　乃木希典』（春秋社、一九三七年）
宿利重一『旅順戦と乃木将軍』（春秋社、一九四一年）
宿利重一『児玉源太郎』（国際日本協会、一九四三年）
白井二郎「爾霊山へ主攻撃転向の刹那」『偕行社記事』第六六六号（偕行社、一九三〇年）
杉本文太郎『戦闘図解』（博文館、一九〇五年）
台湾救済団編刊『佐久間左馬太』（一九三三年）
谷寿夫『機密日露戦史』（原書房、一九六六年）
田村友三郎『血の爆弾　田村友三郎従軍手記』（教育研究会、一九三一年）
多門二郎、牛島貞雄、今井清編『陸軍大学校課外講演集』第一～三輯（陸軍大学校将校集会所、一九二九～一九三四年）
中央乃木会編纂『軍人乃木大将の偉影』（成武堂、一九二八年）
長南政義「第三軍参謀たちの旅順攻囲戦　～「大庭二郎中佐日記」を中心とした第三軍関係者の史料による旅順攻囲戦の再検討～」『國學院法研論叢』第三九号（國學院大學大学院法学研究会、二〇一二年）
長南政義『新史料による日露戦争陸戦史　覆される通説』（並木書房、二〇一五年）
長南政義『児玉源太郎』（作品社、二〇一九年）
津野田是重『斜陽と鉄血　旅順に於ける乃木将軍』（偕行社、一九二六年）

帝国在郷軍人会本部編刊『一戸将軍』(一九三二年)
東京日日新聞社・大阪毎日新聞社『参戦二十将星　回顧三十年　日露大戦を語る　陸軍篇』(東京日日新聞社・大阪毎日新聞社、一九三五年)
徳富猪一郎編『公爵山県有朋伝』下巻(原書房、一九六九年)
長沢直太郎編『上泉徳弥伝』(上泉きう、一九五五年)
西村文雄『軍医の観たる日露戦争　弾雨をくゞる担架』(戦医史刊行会、一九三四年)
日露戦争研究会編『日露戦争研究の新視点』(成文社、二〇〇五年)
沼田多稼蔵『日露陸戦新史』(芙蓉書房、一九八〇年)
乃木会編刊『乃木会講演集』第三回(一九一六年)
秦郁彦編『日本陸海軍総合事典』(東京大学出版会、一九九一年)
秦郁彦「再考・旅順二〇三高地攻め論争」『政経研究』第四三巻第四号(日本大学政経研究所、二〇〇七年)
波多野勝編『井口省吾伝』(現代史料出版、二〇〇二年)
ハミルトン、イアン『思ひ出の日露戦争』(雄山閣、二〇一一年)
日野西資博謹述『明治天皇の御日常』(新学社教友館、一九七六年)
平野龍二『日清・日露戦争における政策と戦略　「海洋限定戦争」と陸海軍の協同』(千倉書房、二〇一五年)
福田恆存『福田恆存全集』第六巻(文藝春秋、一九八八年)
藤崎定久「古城めぐり　二〇三高地」『大塚薬報』二六九〜二八七号(大塚製薬工場、一九七四〜一九七六年)
古屋哲夫『日露戦争』(中央公論社、一九九一年)
別宮暖朗『旅順攻防戦の真実　乃木司令部は無能ではなかった』(PHP研究所、二〇〇六年)

別宮暖朗『日露戦争陸戦の研究』（筑摩書房、二〇一一年）
『歩兵操典』（厚生堂、一八九八年）
真尾源一郎『惨戦懐古』（真尾源一郎、一九三六年）
武川寿輔『隊附日記の中より』（成武堂、一九二五年）
「明治三十七年十一月三十日附乃木希典宛中村覚書簡」『偕行社記事』第六七六号（偕行社、一九三一年）
森岡謹一郎編纂『日露戦役東鶏冠山北堡塁攻撃現地講演筆記』（関東州戦蹟保存会、一九三八年）
山田朗『世界史の中の日露戦争　戦争の日本史20』（吉川弘文館、二〇〇九年）
横田穣「旅順口攻撃に二十八珊知榴弾砲据付工事の思出」『偕行社記事』第七二六号（偕行社、一九三五年）
横手慎二『日露戦争史』（中央公論新社、二〇〇五年）
陸軍軍医団編刊『日露戦役戦陣余話』（一九三四年）
陸軍工兵学校編刊『研究彙報』第一一四号
陸軍省編刊『明治三十七八年戦役陸軍衛生史　第三巻　戦傷（第一冊）』（一九二四年）
陸軍省編『明治三十七八年戦役陸軍政史』全十巻（湘南堂書店、一九八三年）
陸軍省編『日露戦争統計集』全十五巻（東洋書林、一九九四～一九九五年）
陸戦史研究普及会編『陸戦史集11　旅順要塞攻略戦』（原書房、一九六九年）
露国海軍軍令部編纂『千九百四、五年露日海戦史』上・下巻（芙蓉書房出版、二〇〇四年）
ロストーノフ、I・I編『ソ連から見た日露戦争』（原書房、一九八〇年）
和田亀治「日露戦役に於ける経歴談」『陸軍大学校課外講演集』第一輯（陸軍大学校将校集会所、一九二九年）

長南政義（ちょうなん・まさよし）
戦史学者。宮城県生まれ。拓殖大学大学院国際協力学研究科安全保障学専攻課程修了。國學院大學大学院法学研究科博士課程後期単位取得退学。国立国会図書館調査及び立法考査局非常勤職員、靖國神社靖國偕行文庫職員、防衛省防衛研究所研究会講師などを歴任。専門は日本近代軍事史。編書に『日露戦争第三軍関係史料集　大庭二郎日記・井上幾太郎日記でみる旅順・奉天戦』（国書刊行会）、著書に『新史料による日露戦争陸戦史　覆される通説』（並木書房）、『児玉源太郎』（作品社）、共著に『新説戦乱の日本史』（SBクリエイティブ）など。

本書は書き下ろしです。

二〇三高地（にひゃくさんこうち）

旅順攻囲戦と乃木希典の決断（りょじゅんこういせんとのぎまれすけのけつだん）

長南政義（ちょうなんまさよし）

2024年 8月 10日　初版発行

発行者　山下直久
発　行　株式会社KADOKAWA
〒102-8177　東京都千代田区富士見2-13-3
電話　0570-002-301（ナビダイヤル）

装 丁 者　緒方修一（ラーフイン・ワークショップ）
ロゴデザイン　good design company
オビデザイン　Zapp!　白金正之
印 刷 所　株式会社暁印刷
製 本 所　本間製本株式会社

角川新書

ISBN978-4-04-082473-4 C0221